Top-Down Sweaters

Top-Down Sweaters

單色百搭＆時尚撞色

從領口到衣襬的
免接縫手織服

Introduction

「Top-Down Sweaters」

「Top-Down Sweaters」＝「從領口往下編織的毛衣」這是從領口開始編織肩襠部位後，直接編織衣身與袖子的織法。
也就是，完全不需要麻煩的綴縫、接縫織片或連接衣袖等步驟，織法非常嶄新又省事的無接縫毛衣。
這種編織方法不僅在日本蔚為風潮，更已成為世界各地編織愛好者喜愛的高人氣編織類型，
並且被稱為「Top-Down Seamless Sweaters（從領口往下編織的無接縫毛衣）」。
相較於下襬開始編織的毛衣，「Top-Down Sweaters」的衣身寬度與長度可隨時變更，任何人都能輕鬆的調整尺寸，
這也正是廣受人們喜愛的原因。

編織起點

更顯柔順的肩線

雖然是無接縫編織
但外觀很像接袖毛衣

由V領尖端開始輪編

Ravelry
www.ravelry.com
設立於美國，世界各國編織愛好者群集的交流網站。登錄會員帳號
後，從編織作品的記錄與管理，到提供原創織圖的免費、付費下載
服務皆有，傳遞著全世界的編織相關資訊。

「本書作品有何不同？」

在各式各樣的「領口往下織」毛衣作品當中，又以在Ravelry網站引起話題的Isabell Kraemer最有新意，她的[on the beach]毛衣十分新穎獨特！
一般而言，領口往下織的毛衣形式，不外乎圓形肩襠與拉克蘭袖，
但她的Top-Down Sweaters卻擁有能夠呈現出自然肩線與接袖般的袖襬外觀。
貼合身體線條的漂亮輪廓，與無接縫的舒適穿著感為其特徵。
此外，包括[on the beach]的織法在內，本書中介紹的所有作品，皆採用了Susie Myers設計，
在Ravelry網站上發表的Contiguous Sleeve（接續編織袖）的織法。

利用後領口的加針
織出貼合身體的自然弧度

直接挑針編織
線條接得很整齊

Isabell Kraemer（伊莎貝爾・克萊瑪）
Ravelry網站會員名稱「lilalu」
在德國西南部一個大自然環抱的中世紀城鎮裡，與先生、19歲兒子和3隻貓一同生活的裁縫師。目前在手工藝店裡開班指導孩童們手作，過著半天教學，得閒便拿起第二人生的編織針與毛線，為現代編織者創作各式日常生活織品。

Susie Myers（蘇西・邁爾斯）
Ravelry網站會員名稱「SusieM」
居住於澳洲，她的Contiguous Method（接續編織法）被世界各地的設計師與編織者廣為採用。創立Contiguous Group的專屬集團，目前與先生一起在塔斯馬尼亞過著退休生活。

Contents

on the beach

這種造型簡單的V領毛衣就是[on the beach]。

下列這些毛衣,都是以手織設計師Isabell Kraemer在編織交流網站Ravelry(www.ravelry.com)上發表的Top-Down織圖編織而成。

由於是不挑人穿的單純設計款,編織方法簡單又易於改換配色花樣,因而備受世界各國編織愛好者的矚目。

本書以五種尺寸的[on the beach]織法為基礎。依個人喜好挑選織線之後,再挑選配合自己織線密度的作法即可。

基本上都是以平面針編織。只要在衣長、袖長、配色、下襬增添變化,就能盡情享受編織專屬自己的[on the beach]樂趣。

m

l

xl

How to knit 52 page

01 | [on the beach] xs

磚紅色×砂棕色，總覺得帶點亞洲風情。較小的尺寸，當然適合身材嬌小的人，不過若是想穿得較合身也OK。無接縫毛衣的舒適感令人驚豔！
Arrange：西村知子　製作：平賀智子　線材：Hamanaka Exceed Wool L〈並太〉

How to knit | 54 page

02 | [on the beach] s

柔和的杏色與沉穩的棕色，構成溫暖圓潤的咖啡歐蕾色調。是一款不會顯得太休閒的成人風條紋毛衣。

Arrange：西村知子　製作：八木裕子　線材：Hamanaka Exceed Wool L〈並太〉

How to knit | 51 page

03 | [on the beach] m

煙燻色的寬條紋基本款毛衣。下襬與袖口都是自然捲起的平面針，領口也是維持原樣的不收邊狀態，織到底就完成整件毛衣嘍！

Design：Isabell・Kraemer　製作：西村知子　線材：Hamanaka Exceed Wool L〈並太〉

Knitting Lesson

試著依照英文解說的織法來編織〔on the beach〕吧！

〔on the beach〕毛衣共有xs、s、m、l、xl五種尺寸。在Ravelry（www.ravelry.com）網站上，都是以英文織法（編織方法的文字敘述）來解說毛衣作法。p.6-7的毛衣，都是針對衣長、袖長、條紋間隔、配色、編織花樣、下襬與袖口等進行微調，稍微加上變化後完成的〔on the beach〕。不妨依自己喜好的設計款式與版型加以變化，盡情享受編織毛衣的樂趣。

肩線
袖山
前領口
肩襠
胸圍

肩線
袖山
肩袖長
衣長

●**準備材料（尺寸m）**
線材…Hamanaka Exceed Wool L〈並太〉　淺灰色（327）210g
＝6球、煙燻綠（347）190g＝5球
棒針…6號輪針（60cm或80cm）、6號針4枝
其他…記號環（針數環等）6個
●**密度**
10cm正方形平面針條紋 18針×26段
●**完成尺寸（尺寸m）**
胸圍 96cm　＊依作品而定，記載的衣長、肩袖長會與原文不同。
※ 參考尺寸（胸圍）：**xs** 76cm、**s** 85cm、**l** 105cm、**xl** 115cm
●**編織文的重點**
文中會以記號環為基準點進行織法解說，是編織過程中的重要指引。編織文標題上標示的Ⓐ至Ⓔ，請連結p.14的肩襠織圖參考。

Note
• 平面針與輪編的織片密度可能不一樣。請視狀況需要，以不同號數的編織針來調整。
• 輪編過程中需要更換配色織線時，第1段正常編織即可，但下一段的第1針必須織滑針（條紋配色請參考p.51），以免段與段的銜接處太顯眼。
• 為了織出更漂亮的作品，或是讓編織方式更簡單，中文版編織文因此異於英文版表現方式，或另外補充要點時，編織文的原文與譯文都會以**粗體字**標明。
• 編織文中的針數、段數或尺寸，依xs（s、m、l、xl）的順序來註明。
• 編織解說的示範作品為m尺寸。

編織起點～後領口加針 Ⓐ

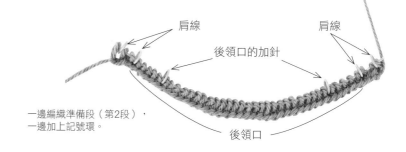

肩線　肩線
後領口的加針
後領口

一邊編織準備段（第2段），
一邊加上記號環。

Co xs34 (s 38, m 42, l 46, xl 48) sts

Setup: p1, pm (shoulder), p2, pm (shoulder), p5, pm (back neck), p18 (22, 26, 30, 32), pm (back neck), p5, pm (shoulder), p2, pm (shoulder), p1

Row 1 (RS): k to first m, m1R, sm, k2, sm, m1L, k to next m, sm, m1L, k to next m, m1R, sm, k to next m, m1R, sm, k2, sm, m1L, k to end

Row 2 (WS): p to first m, m1R, sm, p2, sm, m1L, p to next m, sm, m1L, p to next m, m1R, sm, p to next m, m1R, sm, p2, sm, m1L, p to end

Rep rows 1 + 2 one more time

Remove back neck markers on last row

5 sts (each front) - 2 sts (each shoulder seam) - 44 (48, 52, 56, 58) sts(back)

起針（第1段）：xs起34（s 38、m 42、l 46、xl 48）針。

準備段（第2段）：上針1針，加入記號環〈肩線〉，上針2，加入記號環〈肩線〉，上針5，加入記號環〈後領口的加針〉，上針18（22、26、30、32）針，加入記號環〈後領口的加針〉，上針5，加入記號環〈肩線〉，上針2，加入記號環〈肩線〉，上針1。

1段（第3段）下針：編織下針至第一個記號環為止，右扭加針，移動記號環至此，下針2，移動記號環至此，左扭加針，織下針至下一個記號環為止，移動記號環至此，左扭加針，織下針至下一個記號環為止，右扭加針，移動記號環至此，織下針至下一個記號環為止，右扭加針，移動記號環至此，下針2，移動記號環至此，左扭加針，織下針至本段終點為止。

2段（第4段）上針：編織上針至第一個記號環為止，右扭加針（●），移動記號環至此，下針2，移動記號環至此，左扭加針（◎），織上針至下一個記號環為止，移動記號環至此，左扭加針（◎），織上針至下一個記號環為止，右扭加針（●），移動記號環至此，織上針至下一個記號環為止，右扭加針（●），移動記號環至此，上針2，移動記號環至此，左扭加針（◎），織上針至本段終點為止。

1・2段（第3段與第4段）再重複編織一次後，取下〈後領口的加針〉記號環。

確認針數：兩端5針，肩線2針，後領44（48、52、56、58）針。

（●）＝正面為左扭加針　（◎）＝正面為右扭加針

至p.14肩襠織圖Ⓐ為止。
由後中心開始，左右對稱地在記號環位置加針。

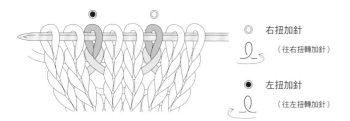

後中心
編織起點
後領口

扭加針

◎　右扭加針
　　（往右扭轉加針）

●　左扭加針
　　（往左扭轉加針）

肩線&前領口 Ⓑ

Note: Increases are worked before and after shoulder markers on every row

Next row: *work to m, m1R, sm, work to next m, sm, m1L, rep from *once more, work to end

Rep last row 6 (7, 9, 10, 11) more times

AT THE SAME TIME (for sizes m, l, xl):

On 8th repeat(RS): begin working v-neck increases and rep this on every RS row (other sizes will start later with v-neck inc)

v-neck inc: k2, m1L, work as indicated to 2 sts before end of row, m1R, k2

12 (13, 16, 18, 19) sts (each front) - 2 sts (each shoulder) - 58 (64, 72, 78, 82) sts (back)

Sizes xs and l: work 1 row (WS)

※接下來每一段的加針，都是在肩線記號環的前後進行。

下一段：【織到記號環為止，右扭加針，移動記號環至此，織到下一個記號環為止，移動記號環至此，左扭加針】

再重複一次【　】，織到段終點為止。

這一段完成之後，再編織6（7、9、10、11）次。

此時，M、L、XL尺寸的織法：

重複編織至第8次（下針段）時，開始進行V領加針。此後，每次織到下針段時都要加針。（其他尺寸稍後才加針。織法見後續編織文指示）

V領加針：下針2，左扭加針，依指示織到段的最後2針前為止，右扭加針，下針2。

確認針數：兩端各12（13、16、18、19）針，肩線各2針，後領各58（64、72、78、82）針。

XS與L尺寸的織法：織一段上針段。

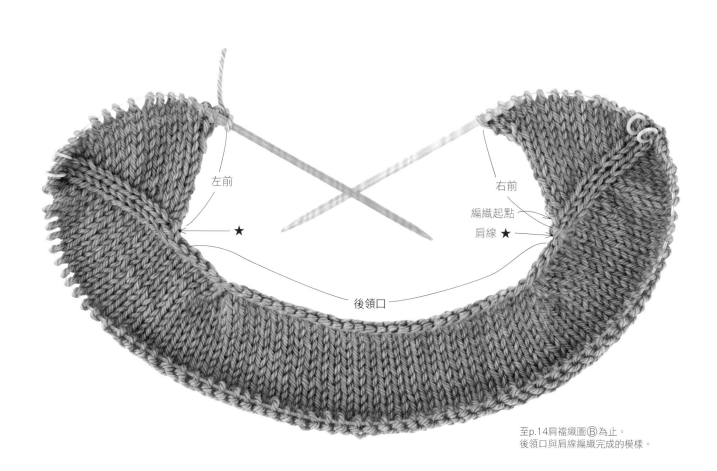

左前　右前

編織起點

肩線 ★　★

後領口

至p.14肩襠織圖Ⓑ為止。
後領口與肩線編織完成的模樣。

袖山的編織起點 Ⓒ

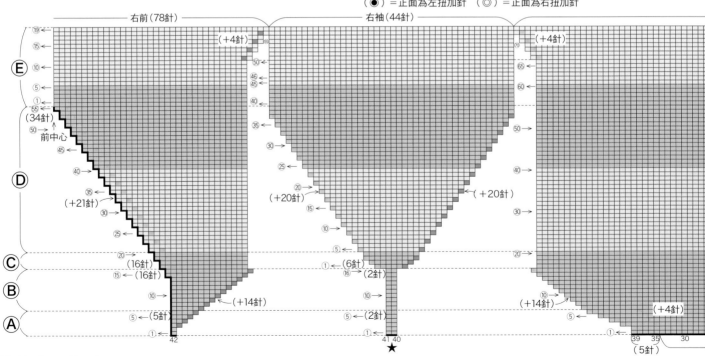

肩襠織圖Ⓒ袖山的第一段。
一邊編織一邊移動肩線的記
號環，袖山的針目成為6針。

移動肩線的記號環

Replace markers on row 1

Note: Increases are now worked in between the markers

AT THE SAME TIME (for size s): begin working v-neck inc on row 1 in the following section as stated above and rep this on every RS row

(v-neck inc for size xs will start on row 3)

Row 1 (RS): *work as set to 1 st before m, slip next st to right needle, remove m, slip the st back to left needle, pm, m1L, k3, remove marker, k1, m1R, pm, rep from * one more time, work as set to end

11 (13, 16, 18, 19) sts (each front) - 6 sts (each sleeve) - 56 (62, 70, 76, 80) sts (back)

Row 2: *p to m, sm, m1L, p to next m, m1R, sm, rep from * once more, p to end

Note (for size xs): begin working v-neck inc on row 3

Row 3: k2, m1L (v-neck inc), *k to m, sm, m1L, k to m, m1R, sm, rep from * once more, k to 2 sts before end, m1R (v-neck inc), k2

Row 4: purl

在接下來的第1段移動記號環。

※之後每一段的加針，都是在記號環與記號環之間進行。

此時，S尺寸的織法：在下面這個階段的第1段開始進行V領加針，此後，每次織到下針段時都要加針。

（XS尺寸的V領從第3段開始加針）

第1段（下針）：【織到記號環的前一針為止。將下一針移到右針上，取下記號環。將移動的針目放回左針，加上記號環。左扭加針，下針3，取下記號環，下針1，右扭加針，加上記號環】。

再重複一次【 】內的步驟，織到本段終點為止。

確認針數：兩端各11（13、16、18、19）針，袖各6針，後領56（62、70、76、80）針。

第2段：【織上針至記號環為止，移動記號環至此，左扭加針（◎），織上針至下一個記號環為止，右扭加針（●），移動記號環至此】。

再重複一次【 】內的步驟後，織上針至本段終點為止。

※XS尺寸的織法：第3段開始進行V領加針。

第3段：下針2，左扭加針（V領加針），【織上針至記號環為止，移動記號環至此，左扭加針，織上針至記號環為止，右扭加針，移動記號環至此】。

再重複一次【 】內的步驟後，織下針至段的最後2針前為止，右扭加針（V領加針），下針2。

第4段：織上針。

（●）＝正面為左扭加針　（◎）＝正面為右扭加針

肩襠圖（尺寸m）

■ = 左扭加針		□ = 淺灰色
■ = 右扭加針		■ = 煙燻綠
		□ = 下針

袖山&前領口 Ⓓ

Rep rows 3 and 4 16 (17, 17, 18, 19) times more
28 (31, 34, 37, 39) sts (each front) - 42 (44, 44, 46, 48) sts
(each sleeve) - 56 (62, 70, 76, 80) sts (back)
Sizes m, l, xl
Next row: k2, m1L (v-neck inc), k to 2 sts before end, m1R
(v-neck inc), k2
All sizes: now join to knit in rounds -
no more inc for sleeves
Note: when the next
colourchange is to come,
move beg of round to the
next marker - means:
cut yarn, slip all sts to
right needle until you
reach the next side seam
marker (this is the new
beg of round), make
colourchange!

再重複第3段與第4段的織法各16（17、17、18、19）次。
確認針數：兩端各28（31、34、37、39）針，袖各42（44、
44、46、48）針，後衣身56（62、70、76、80）針。
M、L、XL尺寸的織法：
　下一段：下針2，左扭加針（V領加針），織到段的最後2針為
止，右扭加針（V領加針），下針2。
　所有尺寸的織法：開始輪編，袖山不
再加針。
　※將段的編織起點移至左前
袖。首先剪線，左前袖（第1
個記號環）之前的針目不編
織，直接移至右針上。接
下來，直到分別編織袖子
與衣身為止，每一段都以
這個位置為編織起點。
必須改換色線時，也在這
個位置進行。

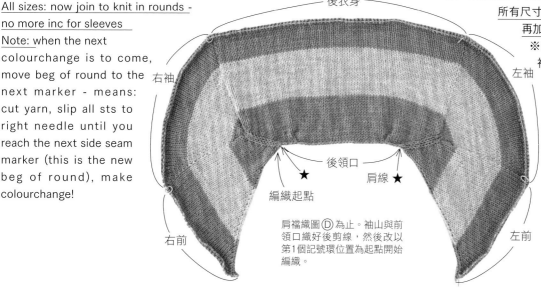

後衣身

右袖　　　　　　　　　　　　　　　左袖

後領口
編織起點　　　肩線 ★　★

右前　　　　　　　　　　　　　左前

肩襠織圖Ⓓ為止。袖山與前
領口織好後剪線，然後改以
第1個記號環位置為起點開始
編織。

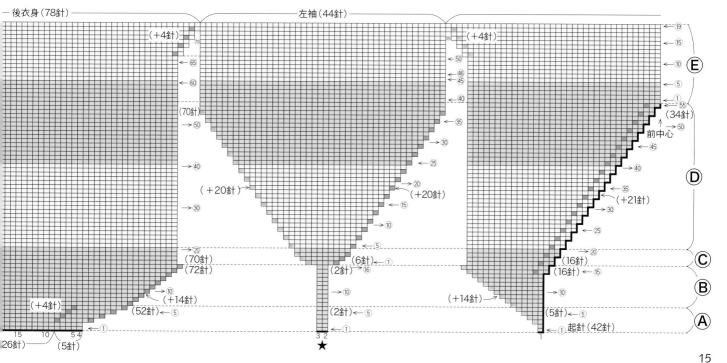

15

以輪編編織袖襱 Ⓔ

When armhole measures 16 (17, 19, 20, 20) cm
Work body increases as follows:
Round 1: *work to 1 st before m, m1R, k1, sm, k to 1 st past next m, m1L; rep from * once more, k to end
Round 2: knit
Rep last 2 rounds 2 (3, 3, 4, 5) more times
After all increases you should have:
62 (70, 78, 86, 92) sts (front) - 42 (44, 44, 46, 48) sts (each sleeve) - 62 (70, 78, 86, 92) sts (back)

不加減針編織至袖襱高度為16（17、19、20、20）cm〔自袖山起點編織42（44、50、52、52）段〕，再依以下步驟，進行衣身兩側的加針。（第一個記號環位於左前袖）
第1段：【編織衣袖至下一個記號環為止，移動記號環至此，記號環的下一針織下針，左扭加針，織到下一個記號環的前一針為止，右扭加針，下針1，移動記號環至此】
再重複一次【　　】內的步驟，織到本段終點為止。
第2段：織下針。
再重複編織這2段2（3、3、4、5）次。
完成所有加針後的針數如下：
兩端62（70、78、86、92）針，袖各42（44、44、46、48）針，後衣身62（70、78、86、92）針。

※**粗體字**為原文與譯文不盡相同的部分。

p.14肩襱織圖Ⓔ為止。
完成肩襱的模樣。

右袖　　　前衣身　　　左袖

後衣身

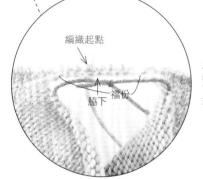

區分衣身與袖子

編織起點

脇下
襠份

以別線固定袖子後，再進行輪編編織前後衣身。兩側脇下加上別鎖起針，再將記號環置於編織起點位置。

以別線固定袖子再編織衣身

【取下記號環，為了避免接下來的42（44、44、46、48）針鬆脫，穿入別線固定〈袖〉的針目之後，編織脇下襠份的鎖針起針7（7、9、9、11）針。（這時就將記號圈加在正中央的針目上），編織至下一個記號環為止，取下記號環】
再重複一次【　】內的步驟。
確認針數：前後衣身各68（76、86、94、102）針，兩脇加記號環的針目，2針，總共138（154、174、190、206）針。
織下針至記號環的前一針為止，記號環針目（襠份正中央的針目）織1針上針，加上記號環。織下針至下一個記號環針目的前一針為止，記號環針目織1針上針，加上記號環，織下針至本段終點為止。取下襠份正中央針目上的記號環。（織1針上針作為立起針，使織好的形狀如同併縫脇下）。
※此時的編織起點仍然位於左前袖（袖襱加針後），因此要趁著下一次換色線的時機，將編織起點移至左脇中央。將左針上的4（4、5、5、6）個針目移至右針後，這個位置即為段的編織起點，上針針目成為段的終點。
兩脇開始往下至18cm為止，只有兩脇邊的1針織上針，其餘皆以平面針編織。
若想織出弧度平緩的A-Line款式，則織法如下：【下針1，左扭加針，織到下一個記號環的2針前為止，右扭加針，下針1、上針1，移動記號環至此】再重複一次【　】內的步驟。加4針，總共142（158、178、194、210）針。
每14段重複一次此加針段，共加針3次，加12針。總針數為154（170、190、206、222）針。
從脇邊往下編織至43cm時，下襬織套收針。
下襬的收針（依個人喜好）：希望讓成品顯得更精緻時，在脇邊往下織到40cm時，就改換成細針，然後以起伏針（重複編織1段下針、1段上針）編織下襬到完成尺寸後，織套收針。

Separating sleeves

Work to m, remove m, place 42 (44, 44, 46, 48) sts on holder or waste yarn (sleeve), CO 7 (7, 9, 9, 11) sts (mark the centre st with a split ring), remove m, rep from one more time
68 (76, 86, 94, 102) sts for each front and back + 2 marked sts for side seams - 138 (154, 174, 190, 206) sts
Knit to marked st, pm, p1 (this st will create a faux side seam), k to next marked st, pm, p1, k to end - remove split rings
Work in St st, purling the side seam sts, until body measures 18 cm from underarm
For the slight a-shape work inc rounds as follows:
*sm, p1, k1, m1L, k to 1 st before next m, m1R, rep from * once more, k1
4 sts increased - 142 (158, 178, 194, 210) sts
Rep this inc round on every 14th round 3 times more
12 sts increased - 154 (170, 190, 206, 222) sts
When body measures 43 cm from underarm, bind off.
Note (optional ending): for a more finished look work until body measures 40 cm from underarm, change to smaller needle and work in garter st (k 1 rnd, p 1 rnd) to final length.

編織袖子

Sleeves

With dpns pick up and knit 4 (4, 5, 5, 6) sts from underarm co (begin at centre st), knit 42 (44, 44, 46, 48) sts from holder, pick up 3 (3, 4, 4, 5) sts from underarm co, pm
- 49 (51, 53, 55, 59) sts

Place marker and join to knit in rounds

Setup round: sm, p1, k to end

Work 18 rounds

Next rnd (decrease rnd):

sm, p1, k1, k2tog, k to 3 sts before end, ssk, k1

Rep this dec rnd every 16th rnd 3 times more
- 41 (43, 45, 47, 51) sts

Work as set until sleeve measures 47 cm from underarm, bind off.

Note (optional ending): work until sleeve measures 44 cm from underarm, change to smaller needle and work in garter st (k 1 rnd, p 1 rnd) to final length. work second sleeve to match

使用4枝棒針，從脇下襠份正中央針目的左側開始，依序挑3（3、4、4、5）針，編織先前暫休針的42（44、44、46、48）針，再挑脇下加針的其餘4（4、5、5、6）針，加上記號環。

總共49（51、53、55、59）針，加上記號環後進行輪編。

準備段（第1段）：移動記號環至此，織下針至段的最後1針前為止，最後1針織上針。編織18段。

下一段（減針段）：移動記號環至此，下針1，左上2併針，織到記號環的4針前為止，右上2併針，下針1，上針1。

每16段重複三次此減針段。

總共41（43、45、47、51）針。

從脇下繼續編織到袖口，長度至47cm時織套收針。

袖子的收針（依個人喜好）：從脇下編織袖長至44cm時，就改換成細針，然後以起伏針（重複編織1段下針、1段上針）編織袖口到完成尺寸後，織套收針。再以相同方式編織另一側的袖子。

※**粗體字**為原文與譯文不盡相同的部分。

襠份的挑針法（尺寸m）

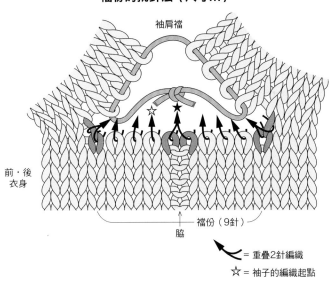

袖肩襠

前・後
衣身

襠份（9針）

脇

↩ = 重疊2針編織

☆ = 袖子的編織起點

★ = 重疊2針織上針

領口的最後修飾

V-neck finishing (optional):

With smaller needle pick up 5 sts per 6 rows around v-neck and all sts from CO. BO all sts on next round

Weave in ends

Block to measurements and wear with pride

V領的修飾方法（依個人喜好）：以細針沿V領挑針，段的部分是6段份挑5針，起針的部分則是每一針都挑針。下一段織套收針〈這部分亦可使用鉤針引拔1段來代替〉。

收針藏線。配合完成尺寸以熨斗的蒸氣整燙，即完成一件足以自豪的手織毛衣。

織好後即使不作其他修飾，維持原樣的邊端也很漂亮。

［on the beach］編織文的英文縮寫一覽表

國外的編織教作以文字敘述為主，經常出現的編織針法，通常是以英文編織用語第一個字母的縮寫來表示。
下列表格中，整理了編織[on the beach]經常會用到的英文縮寫。
瞭解這些縮寫之後，從前看似密碼般的英文編織教作，也能漸漸開始挑戰嘍！

abbreviations/ 縮寫	意義 / 英文	意義 / 中文
CO	cast on	起針、挑針
BO	bind off	套收針
st(s)	stitch(es)	針目
RS	right side	正面
WS	wrong side	背面
k	knit	下針
p	purl	上針
beg	begin	開始
rep	repeat	重複
m	marker	記號環（針數環等）
pm	place marker	加上記號環
sm	slip marker	移動記號環至此
k2tog	knit 2 together	左上2併針
ssk	slip, slip, knit through backloops	右上2併針
m1L	make one left (left leaning increase)	左扭加針
on RS	lift loop between stitches from front, knit into backloop	正面：左針由內往外挑起針目與針目之間的渡線，扭轉後織下針。
on WS	lift loop between stitches from back, purl into frontloop	反面：左針由外往內挑起針目與針目之間的渡線，扭轉後織上針（正面為右扭針）。
m1R	make one right (right leaning increase)	右扭加針
on RS	lift loop between stitches from back, knit into frontloop	正面：左針由外往內挑起針目與針目之間的渡線，扭轉後織下針。
on WS	lift loop between stitches from front, purl into backloop	反面：左針由內往外挑起針目與針目之間的渡線，扭轉後織上針（正面為左扭針）。
inc	increase	加針
dec	decrease	減針
rnd(s)	round(s)	段（輪編時的標示法）
dpn(s)	double pointed needles(s)	4枝針或5枝針

How to knit | 56 page

04 | [on the beach] I

寬鬆的A-Line衣身，舒適的直筒袖，在青春洋溢的短版下襬與袖口，編織著鏤空蕾絲花樣。

Arrange・製作：西村知子　線材：Hamanaka Exceed Wool L〈並太〉

How to knit | 58 page

05 | [on the beach] xl

在陽剛的藍色與灰色之間，織上色彩明亮的黃色線條，營造出些許運動風。寬鬆的穿法也透著一點可愛。

Arrange・製作：西村知子　線材：Hamanaka Exceed Wool L〈並太〉

06 | 編織細條紋的V領毛衣

自然簡約的款式，將獨特的孔雀藍襯托得更漂亮。宛如毛氈的柔軟觸感，充滿了輕盈的空氣感。

Design：兵頭良之子　製作：飯田なつ子　線材：Avril Wool Lilyyarn

Color sample
Wool Lilyyarn

白色（301）×紅色（308）

南瓜橘（307）×白色（301）×卡其色（302）

檸檬黃（303）×白色（301）

藍色（306）×白色（301）

How to knit | 60 page

07 | 洋溢活力的多彩條紋毛衣

編織時興奮期待，穿上時歡欣雀躍，這是一款會挑起玩心的多彩條紋毛衣。前口袋是配合衣身條紋，編織後再縫上。

Design：兵頭良之子　製作：飯田なつ子　線材：Avril Crossbred

How to knit | 62 page

How to knit | 64 page

08 | 粗毛海編織的
暖呼呼蓬鬆毛衣

一眨眼就織好似地，
以粗毛海編織而成的套頭毛衣。
大人也不禁想穿上的柔美粉紅色，
以及輕盈又溫暖的觸感，令人著迷。

Design：兵頭良之子
線材：Avril Mohair Tam

09 | 清涼糖果色
條紋毛衣

交互配置的冷色系藍色＆綠色，
構成清新舒爽的條紋。使用羊毛和蠶絲的混紡線，
編織出微帶光澤的高級感和柔軟滑順的觸感。

Design：兵頭良之子
線材：Avril Wool Penny

How to knit | 66 page

10 | 線條柔美的喇叭形修身毛衣

起編的白色為較細的毛海,灰色為羊毛線,下襬的藍色則是取2條毛海來編織。以不同密度的織片,構成完美融合的無接縫效果。

Design・製作:笠間 綾　線材:Puppy Kid Mohair Fine、Princess Anny

How to knit | 68 page

Color sample

Kid Mohair Fine 1P×Princess Anny
×Kid Mohair Fine 2P

薄荷綠（55）×淺灰色（546）×萊姆色（51）

米白色（2）×藏青色（516）×灰色（15）

11 │ 圍裹式撞色V領毛衣

在前領口大量加針，再將兩邊端重疊在一起，作出圍裹式設計。纖細毛海與上好羊毛的素材對比，也充滿著新鮮感。

Design：笠間 綾　製作：佐藤ひろみ　線材：Puppy Kid Mohair Fine、Princess Anny

棕色（9）×淺灰色（546）

灰色（15）×紫色（550）

How to knit | **70** page

12 寬鬆百搭的 U領毛衣

在下襬與袖口開衩，
令人想作輕鬆休閒打扮的花呢毛衣。
輪廓平緩圓潤的大U領，
讓多層次穿搭更饒富趣味。

Design：佐野 光
製作：平野亮子
線材：Hamanaka Aran Tweed

How to knit | 72 page

How to knit 74 page

13 | 柔美的A-Line
鏤空蕾絲毛海衫

在下襬與袖口點綴扇形蕾絲花樣，
編織出優雅浪漫的設計。
薄透輕盈的罩衫，從入秋至初春都適穿，
是長時間的百搭便利款。

Design：佐野 光
製作：青野美紀
線材：Hamanaka Alpaka Mohair Fine

14 | 及膝的長版開襟外套

存在感十足的開襟外套，滑針交叉構成的斜紋圖案顯得時尚俐落。寬鬆的袖子因為織了緊縮的袖口，巧妙地構成了燈籠袖。
Design‧製作：yohnKa（ヨゥンカ）　線材：Puppy Classico、Bottonato

How to knit | 76 page

15 以粗線輕鬆編織的九分袖針織大衣

以色彩繽紛的Puff線編織口袋,作為素雅大衣的重點裝飾。是款帶著和風氣息的溫暖毛衣。[on the beach] xs的變化款。
Design:野口智子　製作:池上 舞　線材:Avril Gaudy Puff(黑芯)

How to knit / 82 page

16 | 加上小口袋的開襟外套

在白色開襟外套加上三色滾邊的視覺重點，顯得非常可愛。胸前的小巧口袋要裝什麼好呢？[on the beach] XL的變化款。

Design・製作：野口智子　線材：Avril Cross Bred

How to knit | 84 page

How to knit | 86 page

17 | 混色長版 開襟外套

藏青×藍色，使用兩色線一起編織。
較長的衣身猶如和式的短外掛，
呈現出男孩似的帥氣風格。
[on the beach] XS的變化款。
Design：風工房
線材：Hamanaka Amerry

How to knit / 86 page

18 混色開襟外套

酒紅×淺灰，使用兩色線一起編織。
將p.40開襟外套的衣身改短，
配合衣長尺寸，口袋也適當的改小一點。
Design：風工房
線材：Hamanaka Amerry

19 溫暖無比的秋色圓領衫

沁涼的空氣捎來秋意之際，令人突然眷戀起溫暖的色調。簡單的設計，更能活躍於日常生活中。[on the beach] S的變化款。

Design：風工房　線材：Avril Wool Lilyyarn

How to knit | 79 page

20 | 蓬鬆柔軟的圈圈紗素雅毛衣

自然素雅的燕麥色毛衣，很適合悠閒的假日。蓬鬆柔軟的質感更是令人喜愛。[on the beach] S的變化款。

Design：風工房　線材：Avril Mohair Loop、Merino

How to knit | 81 page

How to knit | 88 page

21 │ 織入簡單圖案的毛衣

小小的方塊並排成幾何花樣，
構成簡單的織入圖案毛衣。
緣飾部分結合了鬆緊針和平面針，
巧妙地增添了休閒感。

Design・製作：岡本真希子
線材：Puppy British Eroika

22 | 泡泡袖毛衣

使用色彩繽紛的花呢線編織出扭扭糖般的交叉花樣，
看起來是不是很可口呢！
以較短的脇下，作出俐落的大人版泡泡袖毛衣。

Design・製作：岡本真希子
線材：Puppy Bottonato

How to knit | 90 page

How to knit | 49 page

23 | 高領斗篷

織上肩線的斗篷，肯定會更好穿呢。
使用兩色細線一起編織，並且在前襟加上交叉花樣，
輕盈溫暖，令人幾乎忘了自己正穿著它。
Design・製作：すぎやまとも
線材：Avril Purelumn

高領斗篷 Picture on **48** page

●工具&材料
線材…Avril Purelumn　L.杏色（80）65g、東方藍（37）65g。棒針
…6・4號輪針（60cm）

●密度
10cm正方形平面針 24針×34.5段

●完成尺寸
衣長 37cm

●編織要點
L.杏色與東方藍各取一條，以二條線一起編織。手指掛線法起針，從領口開始編織，依照織圖一邊加針，一邊以平面針與花樣編進行輪編。編織下襬時改換細針號的棒針，在前衣身的花樣編減針後，織二針鬆緊針，收針段織套收針。接著沿領口挑針，以二針鬆緊針編織高領，最後織套收針。

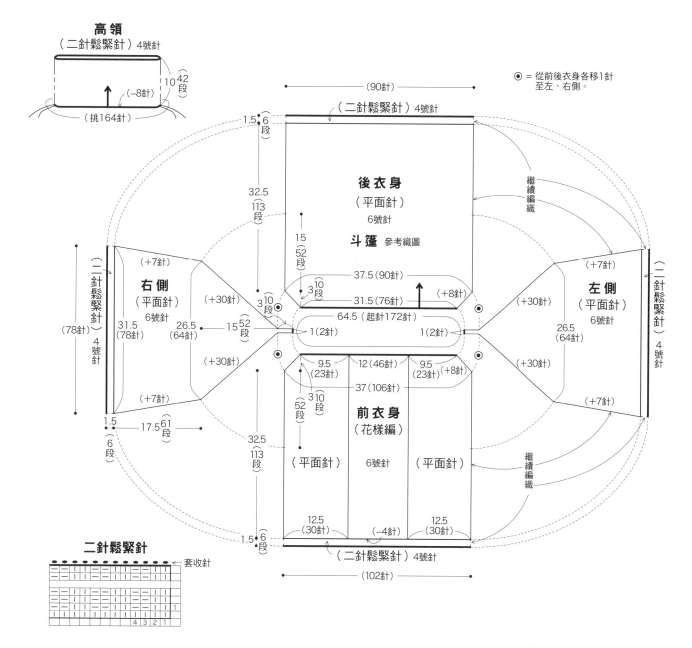

高領
（二針鬆緊針）4號針
10　42段
（-8針）
（挑164針）

◉ ＝ 從前後衣身各移1針至左、右側。

（90針）
（二針鬆緊針）4號針
1.5・6段

後衣身
（平面針）
6號針

斗篷 參考織圖

32.5　113段

15　52段
37.5（90針）
31.5（76針）（+8針）
64.5（起針172針）
3　10段

繼續編織

右側
（平面針）
6號針
（+7針）
（+30針）
31.5（78針）
26.5（64針）
15　52段
3　10段
（+30針）
（+7針）
（二針鬆緊針）4號針
（78針）

左側
（平面針）
6號針
（+7針）
（+30針）
26.5（64針）
（+30針）
（+7針）
（二針鬆緊針）4號針

繼續編織

1（2針）　1（2針）

9.5（23針）　12（46針）　9.5（23針）（+8針）
37（106針）
3　10段
52段

前衣身
（花樣編）
（平面針）　6號針　（平面針）

32.5　113段

1.5　6段
17.5　61段
12.5（30針）　（-4針）　12.5（30針）
（二針鬆緊針）4號針
（102針）
1.5　6段

二針鬆緊針
套收針
4 3 2 1

*接下頁

*接續作品23

花樣編

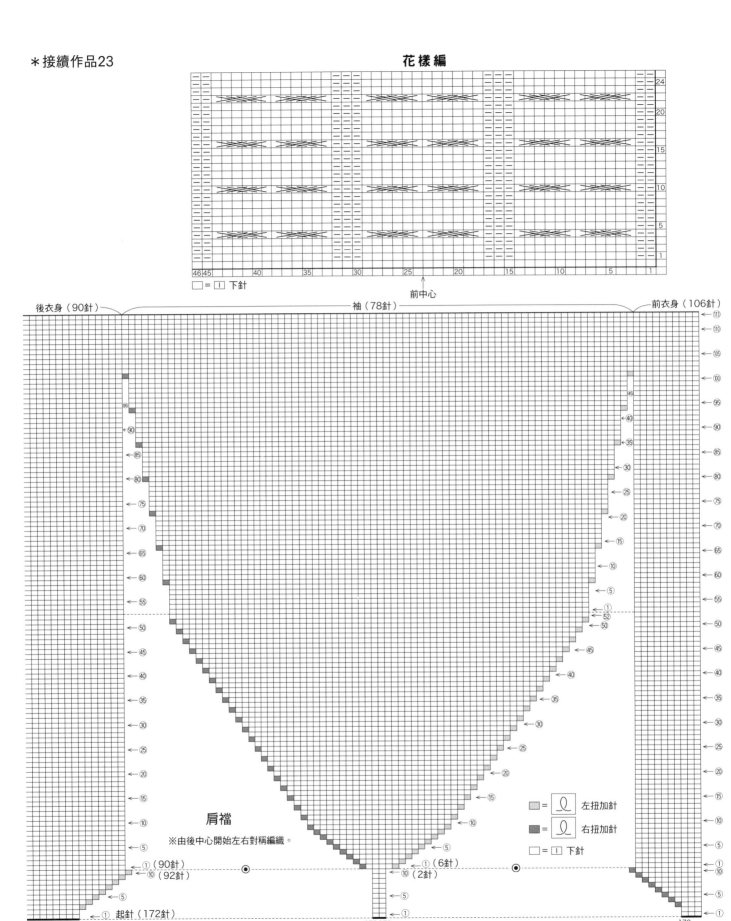

□ = Ⅰ 下針

前中心

後衣身（90針）　　袖（78針）　　前衣身（106針）

肩襠

※由後中心開始左右對稱編織。

■ = Ｑ 左扭加針
■ = Ｑ 右扭加針
□ = Ⅰ 下針

①（90針）
⑩（92針）
①起針（172針）

①（6針）
⑩（2針）

03 [on the beach] m Picture on 10 page

●工具&材料
線材…Hamanaka Exceed Wool L〈並太〉 淺灰色（327）210g
＝6球、煙燻綠（347）190g＝5球。棒針…6號輪針（60cm或
80cm）、6號針4枝

●密度
10cm正方形平面針條紋 18針×26段

●完成尺寸
胸圍 96cm　衣長60cm　肩袖長70cm

●編織要點
肩襠…手指掛線法起針，從領口開始依肩襠織圖（p.14）編織平面
針條紋。起針後以往復編進行，從V領尖端開始改為輪編。將肩襠分
成前・後衣身與袖子，袖子部分暫休針。
衣身&袖…前・後衣身之間的襠份以別鎖起針連接，在別鎖與肩襠
挑針，進行衣身的輪編。解開襠份的別鎖，在肩襠與襠份上挑針，進
行袖子的輪編。兩脇、袖下的1針織上針，再依織圖分別加減針。最
終段一邊織上針一邊套收。詳細請參考p.12開始的編織解說。

＊肩襠織圖見p.14

◎ ＝袖山的第一段是從前、後衣身
各移1針至袖子作為加針。

※全部編織平面針條紋。

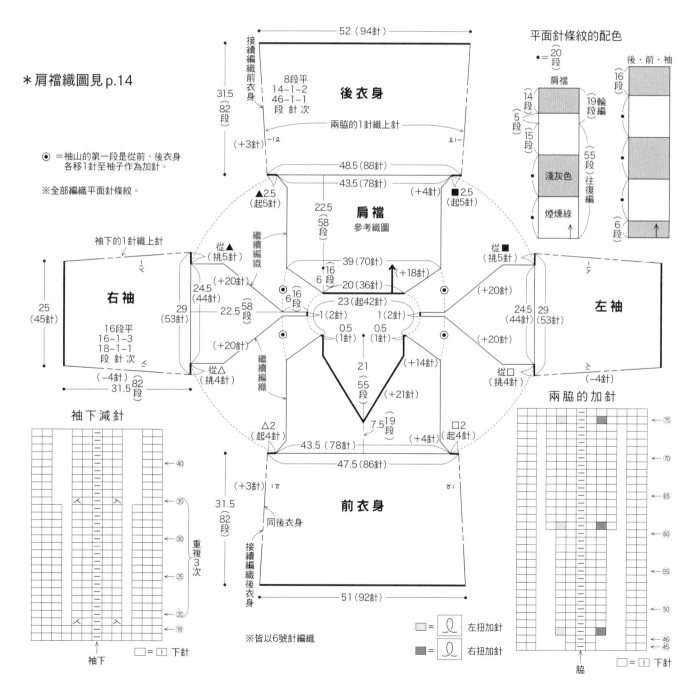

※皆以6號針編織

▨ = 左扭加針	
▩ = 右扭加針	

□ = ⊡ 下針

51

01 [on the beach] xs Picture on 8 page

●工具&材料
線材…Hamanaka Exceed Wool L〈並太〉 磚紅色（309）235g＝6球、砂杏色（331）60g＝2球。棒針…6號輪針（60cm或80cm）、6號針4枝

●密度
10cm正方形平面針 18針×26段

●完成尺寸
胸圍 75cm 衣長52.5cm 肩袖長52cm

●編織要點
肩襠…手指掛線法起針，從領口開始依肩襠織圖編織平面針。起針後以往復編進行，從V領尖端開始改為輪編。將肩襠分成前・後衣身與袖子，袖子部分暫休針。

衣身&袖…前・後衣身之間的襠份以別鎖起針連接，在別鎖與肩襠挑針，進行衣身的輪編。解開襠份的別鎖，在肩襠與襠份上挑針，進行袖子的輪編。兩脇、袖下的1針織上針，再依織圖分別加減針。下襬、袖口換色線織花樣編，但袖下花樣編第一段的上針要織減針。最終段一邊織上針一邊套收。接著沿領口挑針，織上針的套收針。

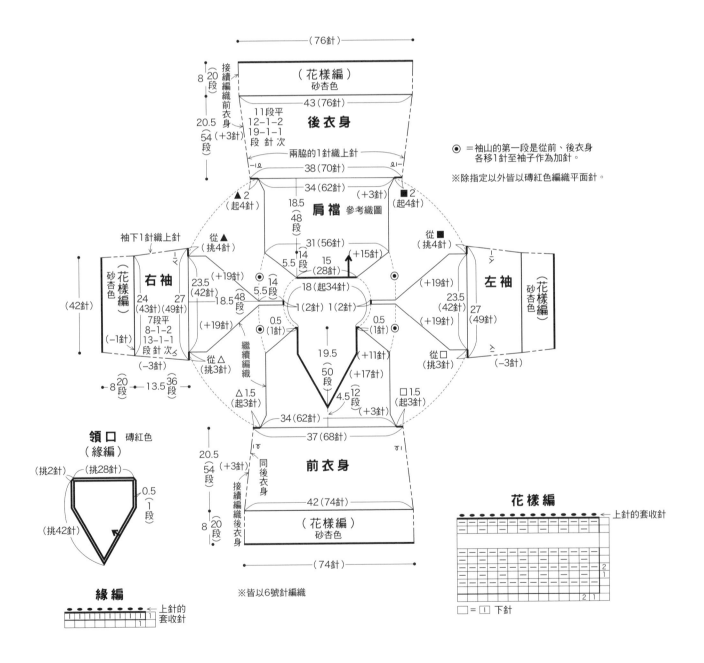

◉ ＝袖山的第一段是從前、後衣身各移1針至袖子作為加針。

※除指定以外皆以磚紅色編織平面針。

領口 磚紅色（緣編）

緣編

花樣編

□＝Ⅰ 下針

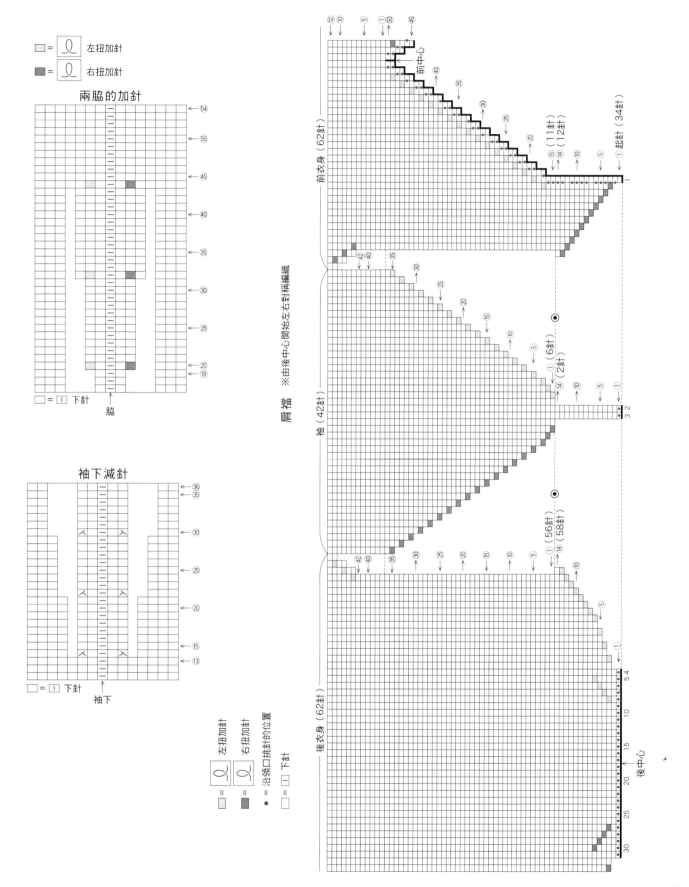

両脇的加針

□ = ↓ 左扭加針
■ = ↓ 右扭加針

□ = □ 下針
脇

袖下減針

□ = □ 下針
袖下

□ = ↓ 左扭加針
□ = ↓ 右扭加針
● = 沿領口挑針的位置
□ = □ 下針

肩襠 ※由後中心開始左右對稱編織

前衣身（62針）
前中心
（11針）
（12針）
起針（34針）

袖（42針）
（6針）
（2針）

後衣身（62針）
（56針）
（58針）
後中心

02 [on the beach] s Picture on 9 page

●工具&材料
線材…Hamanaka Exceed Wool L〈並太〉 杏色（302）280g=7球、焦茶色（305）80g=2球。棒針…6號輪針（60cm或80cm）、6號針4枝

●密度
10cm正方形平面針條紋 18針×26段

●完成尺寸
胸圍85cm 衣長54.5cm 肩袖長63cm

●編織要點
肩襠…手指掛線法起針，從領口開始依肩襠織圖編織平面針條紋。起針後以往復編進行，從V領尖端開始改為輪編。將肩襠分成前・後衣身與袖子，袖子部分暫休針。
衣身&袖…前・後衣身之間的襠份以別鎖起針連接，在別鎖與肩襠挑針，進行衣身的輪編。解開襠份的別鎖，在肩襠與襠份上挑針，進行袖子的輪編。兩脇、袖下的1針織上針，袖下依織圖減針。下襬、袖口織3段起伏針後，一邊織上針一邊套收。

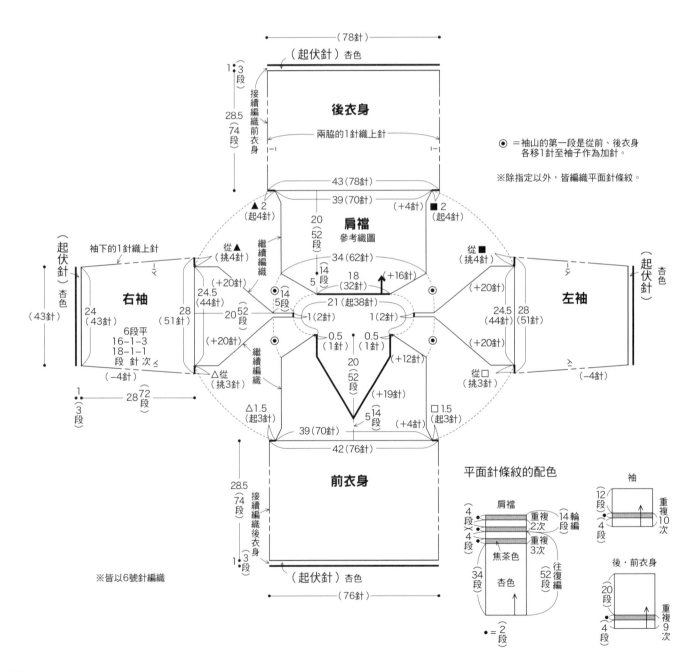

◎ ＝袖山的第一段是從前、後衣身各移1針至袖子作為加針。

※除指定以外，皆編織平面針條紋。

平面針條紋的配色

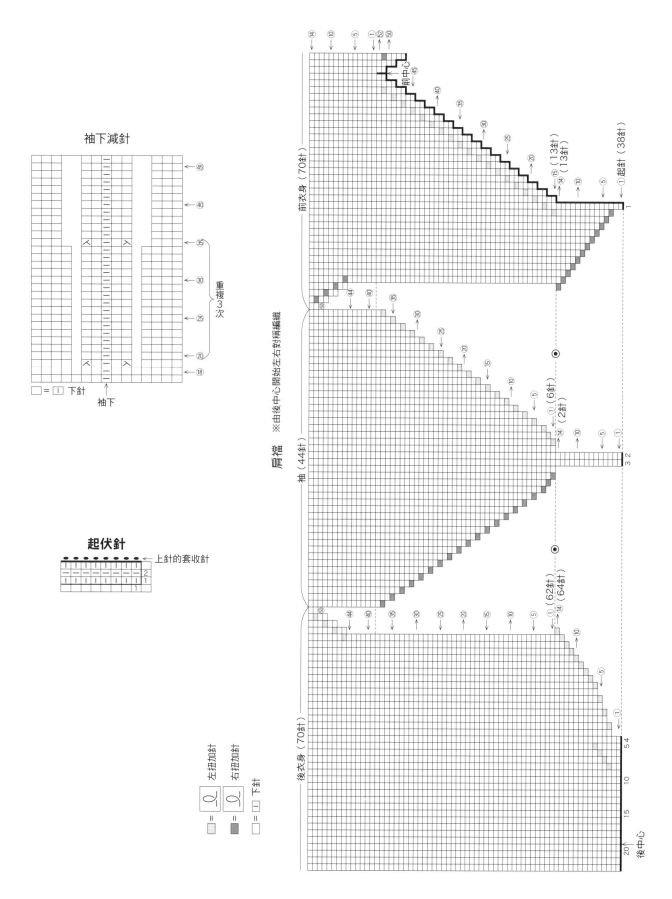

袖下減針

□ = □ 下針

袖下

重複3次

←45
←40
←35
←30
←25
←20
←18

起伏針

←上針的套收針

2
1

= Q 左扭加針

= Q 右扭加針

= □ 下針

前衣身（70針）

前中心

⑭ ⑩ ⑤ ① 52 50

45

40

35

30

25

20

15
14
13針
13針

⑮ ⑭ ⑩ ⑤ ① 起針
13針 13針

起針（38針）

肩襠　※由後中心開始左右對稱編織

袖（44針）

50 44 40 35 30 25 20 15 10 ⑤ ①
⑭ ⑩ ⑤ ①
1 6針
2針

3 2

後衣身（70針）

50 44 40 35 30 25 20 15 10 ⑤ ①
⑭ 1
62針
64針

10

5

① 起針

5 4

20 15 10

後中心

55

●工具＆材料

線材…Hamanaka Exceed Wool L〈並太〉 黃色（316）360g＝9球。棒針…6號輪針（60cm或80cm）、6號針4枝

●密度

10cm正方形平面針 18針×26段

●完成尺寸

胸圍105cm 衣長55cm 肩袖長59cm

●編織要點

肩襠…手指掛線法起針，從領口開始依肩襠織圖編織平面針。起針後以往復編進行，從V領尖端開始改為輪編。將肩襠分成前・後衣身與袖子，袖子部分暫休針。

衣身＆袖…前・後衣身之間的襠份以別鎖起針連接，在別鎖與肩襠挑針，進行衣身的輪編。解開襠份的別鎖，在肩襠與襠份上挑針，進行袖子的輪編。兩脇、袖下的1針織上針，兩脇依織圖加針。在下襬、袖口織花樣編，最終段一邊織上針一邊套收。接著沿領口挑針，同樣織上針的套收針。

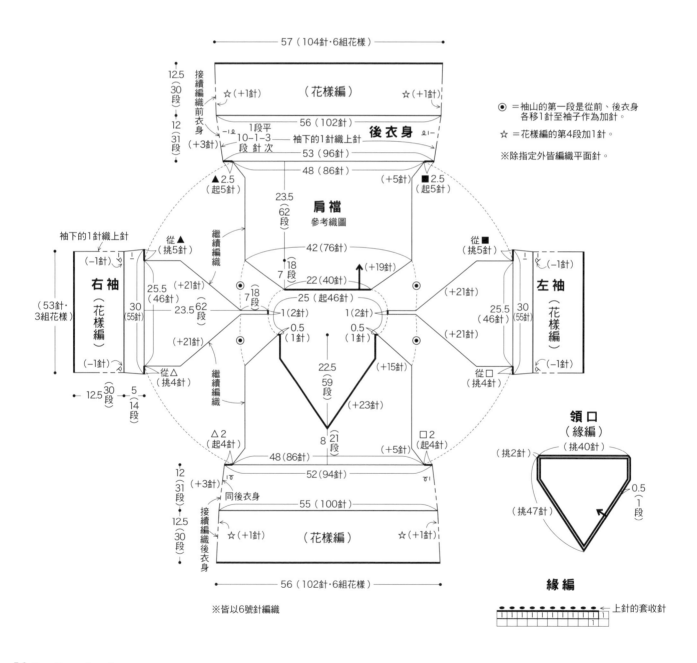

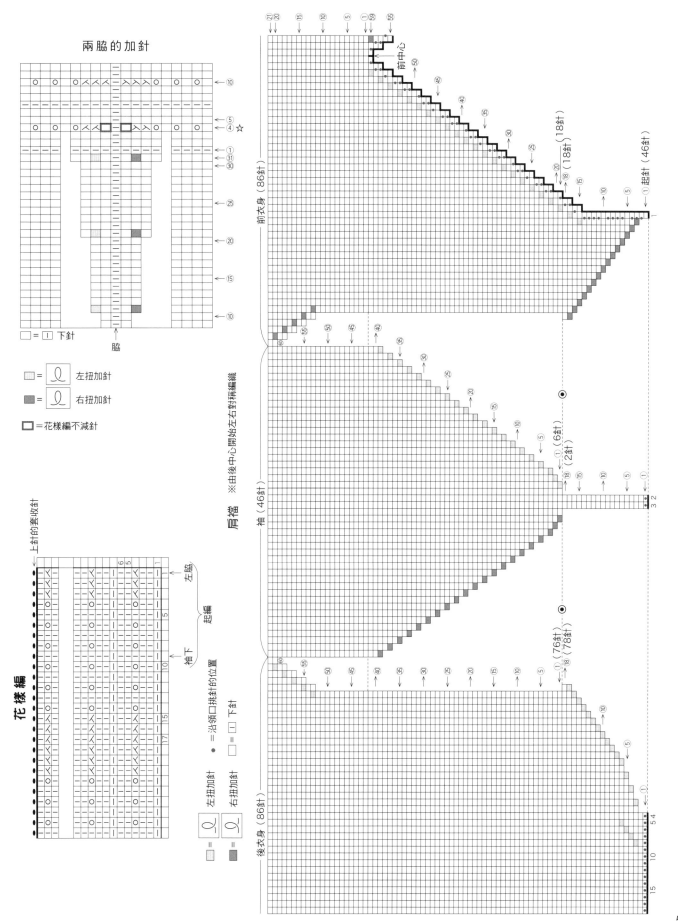

両脇的加針

□ = □ 下針

脇

□ = ◯ 左扭加針

■ = ◯ 右扭加針

□ = 花樣編不減針

花樣編

上針的套收針

左脇

起編

袖下

袖口挑針的位置

◯ = 左扭加針

◯ = 右扭加針

□ = 下針

● = 沿領口挑針

□ = □ 下針

前衣身（86針）

前中心

起針（46針）

肩襠 ※由後中心開始左右對稱編織

袖（46針）

後衣身（86針）

05 〔on the beach〕xl Picture on 21 page

●工具＆材料
線材…Hamanaka Exceed Wool L〈並太〉 灰色（328）370g＝10球、藍色（348）130g＝4球、黃色（316）30g＝1球。棒針…6號輪針（60cm或80cm）、6號針4枝

●密度
10cm正方形平面針 18針×26段

●完成尺寸
胸圍115cm 衣長71cm 肩袖長84.5cm

●編織要點
肩襠…手指掛線法起針，從領口開始依肩襠織圖編織平面針。起針後以往復編進行，從V領尖端開始改為輪編。將肩襠分成前‧後衣身與袖子，袖子部分暫休針。
衣身＆袖…前‧後衣身之間的襠份以別鎖起針連接，在別鎖與肩襠挑針，進行衣身的輪編。解開襠份的別鎖，在肩襠與襠份上挑針，進行袖子的輪編。兩脇、袖下的1針織上針，袖下依織圖減針。在下襬兩脇邊、袖口袖下的上針進行減針，編織花樣編B。最終段一邊織上針一邊套收。接著沿領口挑針，同樣織上針的套收針。

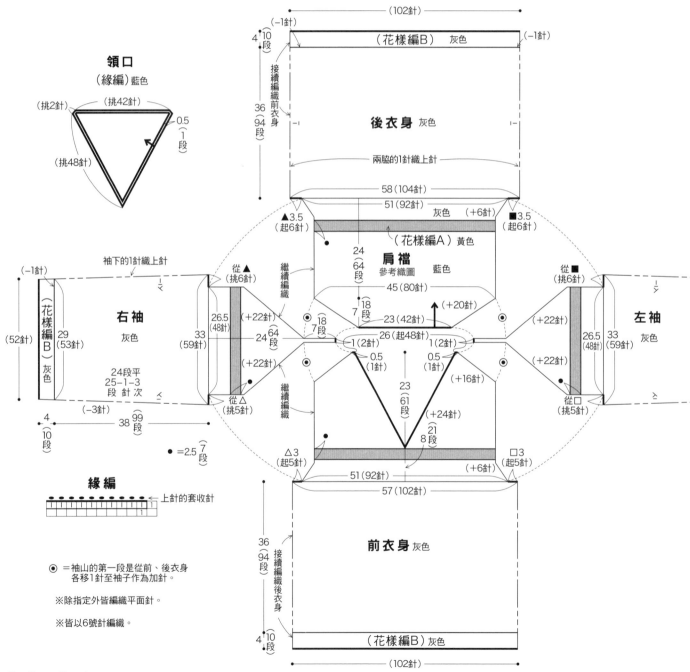

領口
（緣編）藍色
（挑2針）（挑42針）
（挑48針）
0.5（1段）

緣編
上針的套收針

◉ ＝袖山的第一段是從前、後衣身各移1針至袖子作為加針。

※除指定外皆編織平面針。

※皆以6號針編織。

後衣身 灰色
（102針）（－1針）
4（10段）
36（94段）
接續編織前衣身
（花樣編B）灰色
（－1針）
兩脇的1針織上針
58（104針）
51（92針）
灰色（＋6針）

▲3.5（起6針） ■3.5（起6針）
（花樣編A）黃色
肩襠 參考織圖 藍色
24（64段）
45（80針）
從▲（挑6針） 從■（挑6針）
繼續編織
18段 7
23（42針） （＋20針）
26（起48針）
1（2針） 1（2針）
0.5（1針） 0.5（1針）

右袖 灰色 **左袖** 灰色
（－1針）袖下的1針織上針
（花樣編B）灰色
（52針）
29（53針）
33（59針）
26.5（48針）
24（64段）
（＋22針）（＋22針）
24段平 25-1-3 段針次
（－3針）
從△（挑5針）
4（10段）38（99段）
●＝2.5（7段）
繼續編織
（＋16針）
23（61段）
（＋24針）
21（8段）
△3（起5針） □3（起5針）
（＋6針）
51（92針）
57（102針）

前衣身 灰色
36（94段）
接續編織後衣身
（花樣編B）灰色
（102針）

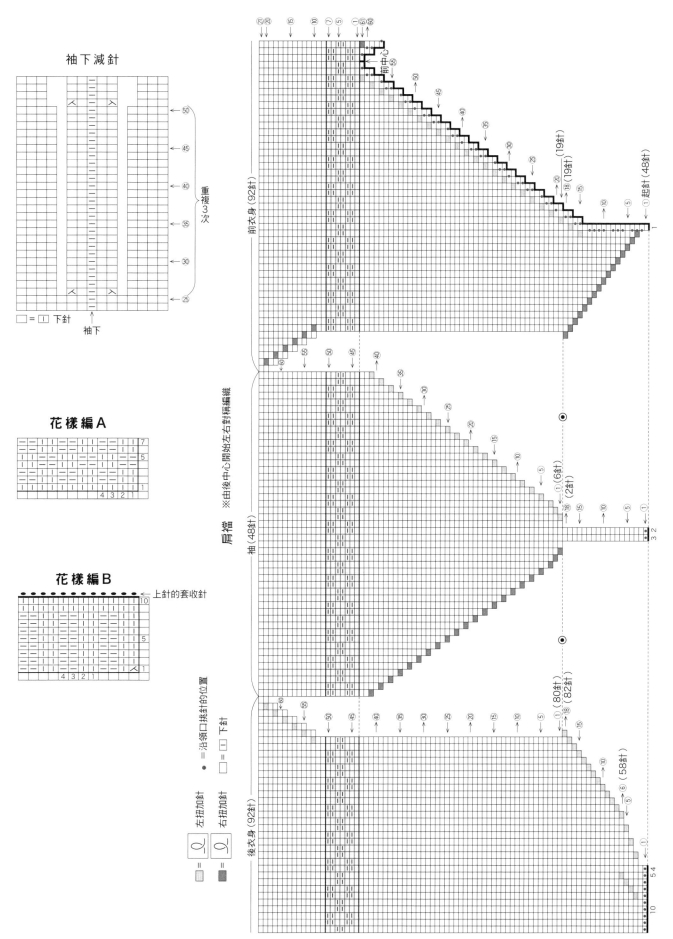

袖下減針

重複3次

□ = ① 下針

袖下

花樣編A

												7
												5
									4	3	2	1	1

花樣編B

←上針的套收針

													10
													5
								4	3	2	1		1

= 左扭加針

= 右扭加針

= ① 下針

● =沿領口挑針的位置

前衣身（92針）

肩襠 ※由後中心開始左右對稱編織

袖（48針）

後衣身（92針）

59

06 | 編織細條紋的V領毛衣 Picture on 22 page

●工具＆材料
線材…Avril Wool Lilyyarn　卡其色（302）220g、藍色（306）
40g。棒針…8・6號輪針（60cm或80cm）、8・6號針各4枝

●密度
10cm正方形平面針條紋 17.5針×28段

●完成尺寸
胸圍97cm　衣長62.5cm　肩袖長 約73cm

●編織要點
肩襠…手指掛線法起針，從領口開始依肩襠織圖編織平面針條紋。起針後以往復編進行，從V領尖端開始改為輪編，換色時將段的編織起點移至左袖與後衣身的交界處。將肩襠分成前・後衣身與袖子，袖子部分暫休針。

衣身＆袖…前・後衣身之間的襠份以別鎖起針連接，在別鎖與肩襠挑針，進行衣身的輪編。解開襠份的別鎖，在肩襠與襠份上挑針，進行袖子的輪編。兩脇、袖下的1針織上針，再依織圖分別加減針。下襬、袖口織3段起伏針後，一邊織上針一邊套收。接著沿領口挑針，同樣織上針的套收針，並且在V領尖端織2併針。

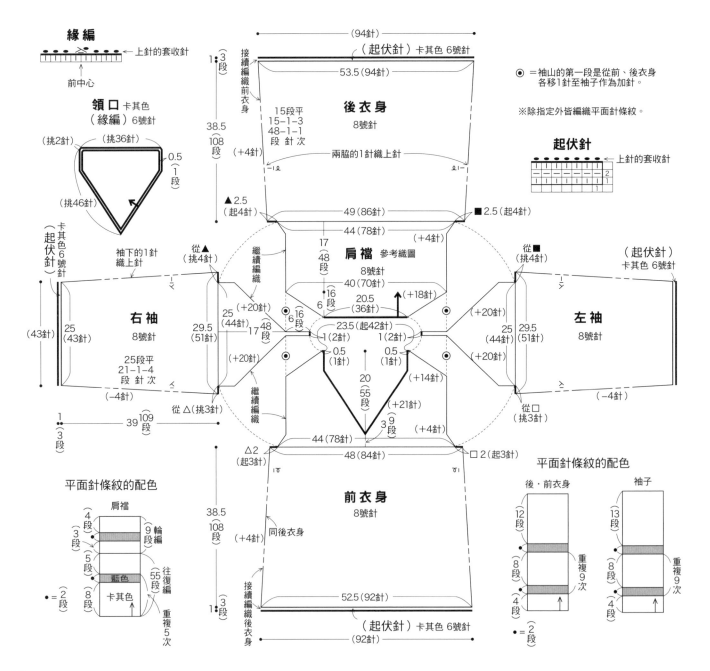

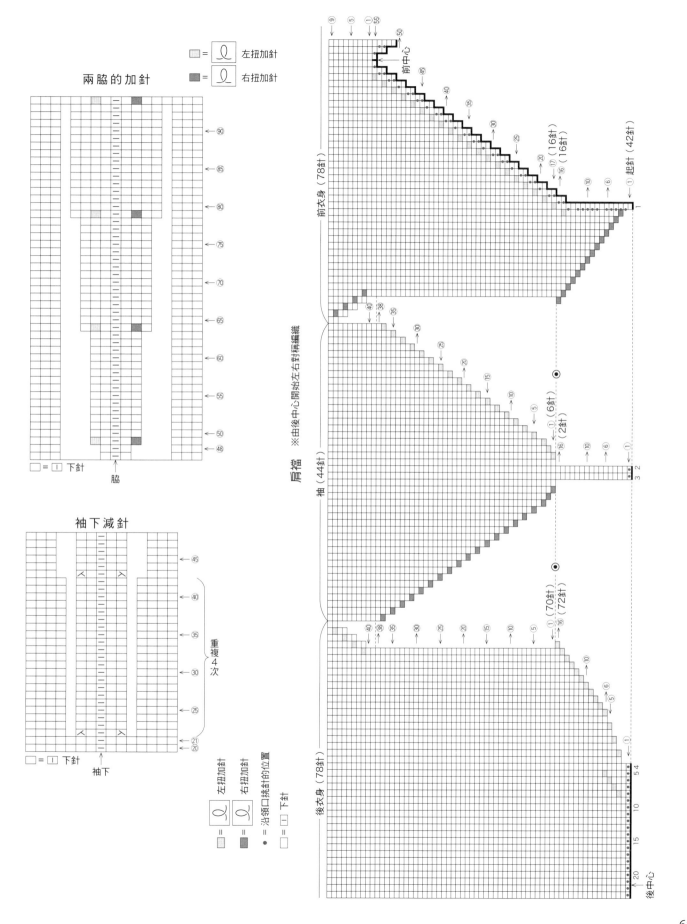

両脇的加針

□ = ℓ 左扭加針
■ = ℓ 右扭加針

□ = Ⅰ 下針

脇

袖下減針

重複4次

□ = Ⅰ 下針

袖下

前衣身（78針）

前中心

起針（42針）

肩襠　※由後中心開始左右對稱編織

袖（44針）

（16針）
（16針）

（6針）
（2針）

後衣身（78針）

（70針）
（72針）

後中心

□ = ℓ 左扭加針
□ = ℓ 右扭加針
● = 沿領口挑針的位置
□ = Ⅰ 下針

07 | 洋溢活力的多彩條紋毛衣 Picture on 24 page

●工具＆材料
線材…Avril Cross Bred　白色（01）75g、銀灰色（02）70g、
檸檬黃（04）60g、墨水藍（05）55g、葡萄紫（06）60g、橙橘
（24）35g。棒針…10・9號輪針（60cm或80cm）、10・9・8
號各4枝

●密度
10cm正方形平面針條紋　18針×27段

●完成尺寸
胸圍96cm　衣長61cm　肩袖長71cm

●編織要點
肩襠…手指掛線法起針，從領口開始依肩襠織圖編織平面針條紋。

起針後以往復編進行，在前領口中央以棒針作掛線起針（參考
p.92），之後改為輪編。換色時，將段的編織起點移至左袖與後
衣身的交界處。將肩襠分成前・後衣身與袖子，袖子部分暫休針。
衣身＆袖…前・後衣身之間的襠份以別鎖起針連接，在別鎖與肩襠
挑針，進行衣身的輪編。解開襠份的別鎖，在肩襠與襠份上挑針，
進行袖子的輪編。兩脇、袖下的1針織上針，再依織圖分別加減
針。下襬、袖口織二針鬆緊針，收針段作二針鬆緊針的收縫。接著
沿領口挑針，一邊織上針一邊套收。最後編織2片口袋，對齊條紋
縫在圖示位置。

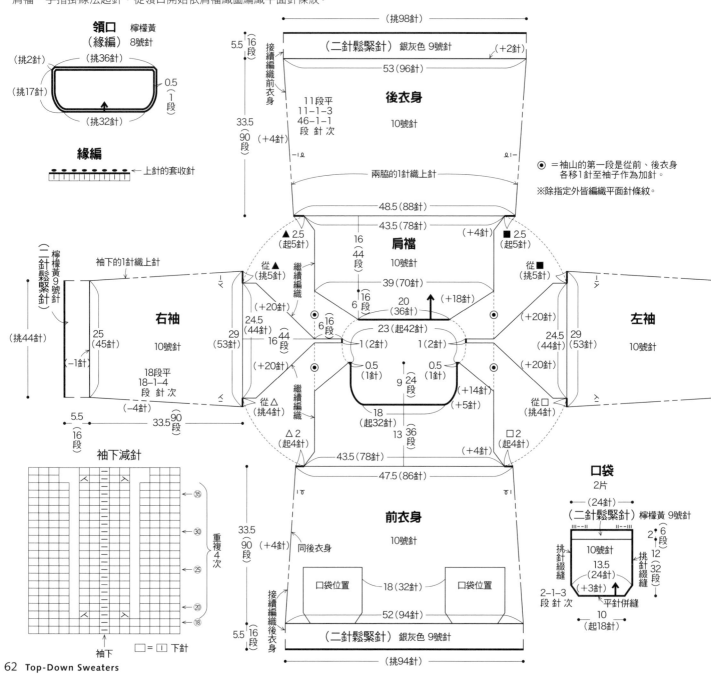

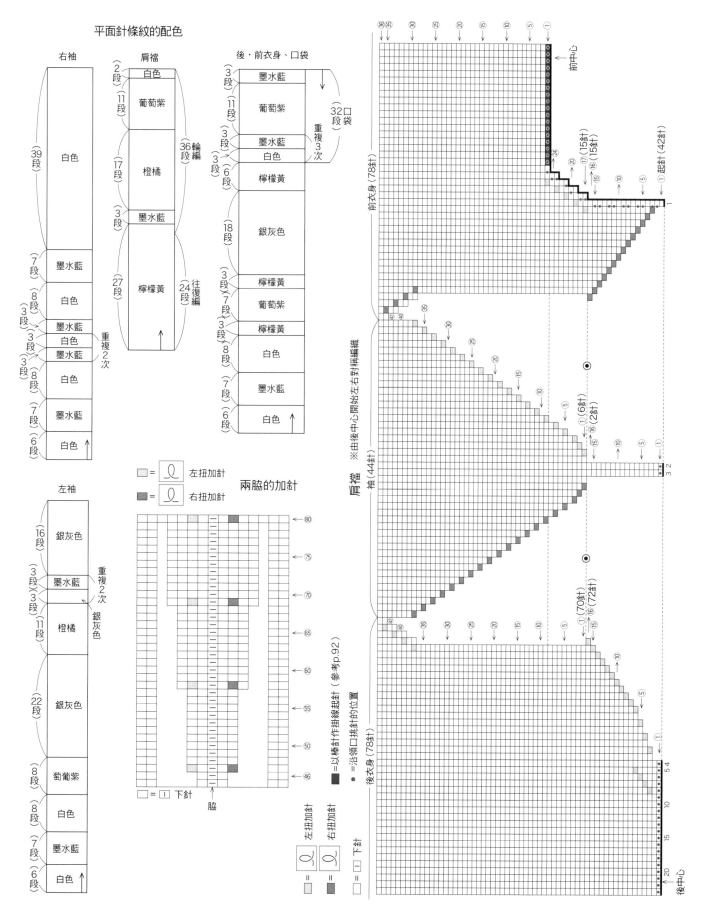

08 粗毛海編織的暖呼呼蓬鬆毛衣 Picture on 26 page

●工具＆材料

線材…Avril Mohair Tam　棉糖粉（34）110g、霧褐色（03）65g、藍灰色（32）45g。棒針…15・13號輪針（60cm或80cm）、15・13號各4枝

●密度

10cm正方形平面針條紋　12針×18段

●完成尺寸

胸圍95cm　衣長62.5cm　肩袖長72cm

●編織要點

肩襠…手指掛線法起針，從領口開始依肩襠織圖編織平面針。在前

領口中央以棒針作掛線起針（參考p.92），之後改為輪編。換色時，將段的編織起點移至左袖與後衣身的交界處。將肩襠分成前・後衣身與袖子，袖子部分暫休針。

衣身＆袖…前・後衣身之間的襠份以別鎖起針連接，在別鎖與肩襠挑針，進行衣身的輪編。解開襠份的別鎖，在肩襠與襠份上挑針，進行袖子的輪編。兩脇、袖下的1針織上針，再依織圖分別加減針。下襬、袖口編織二針鬆緊針，最後織套收針。接著沿領口挑針，一邊織上針一邊套收。

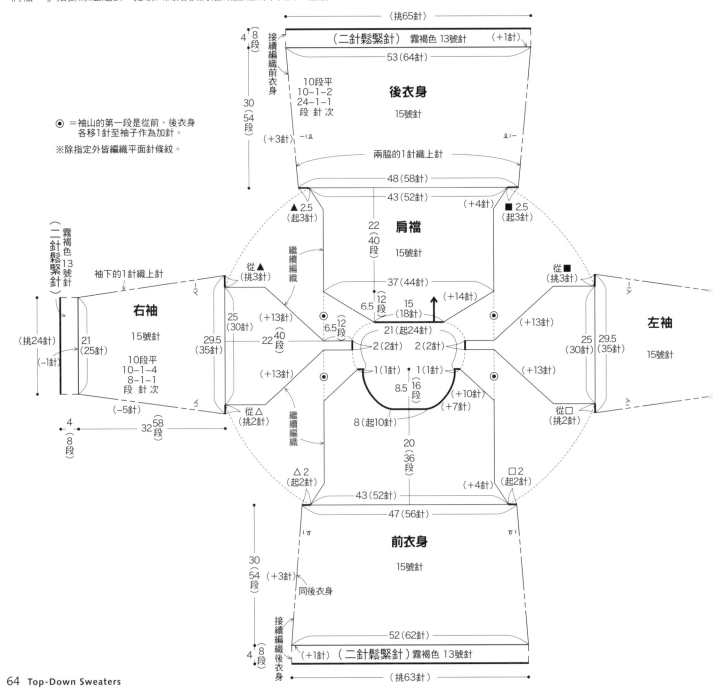

◉ ＝袖山的第一段是從前、後衣身各移1針至袖子作為加針。

※除指定外皆編織平面針條紋。

64 Top-Down Sweaters

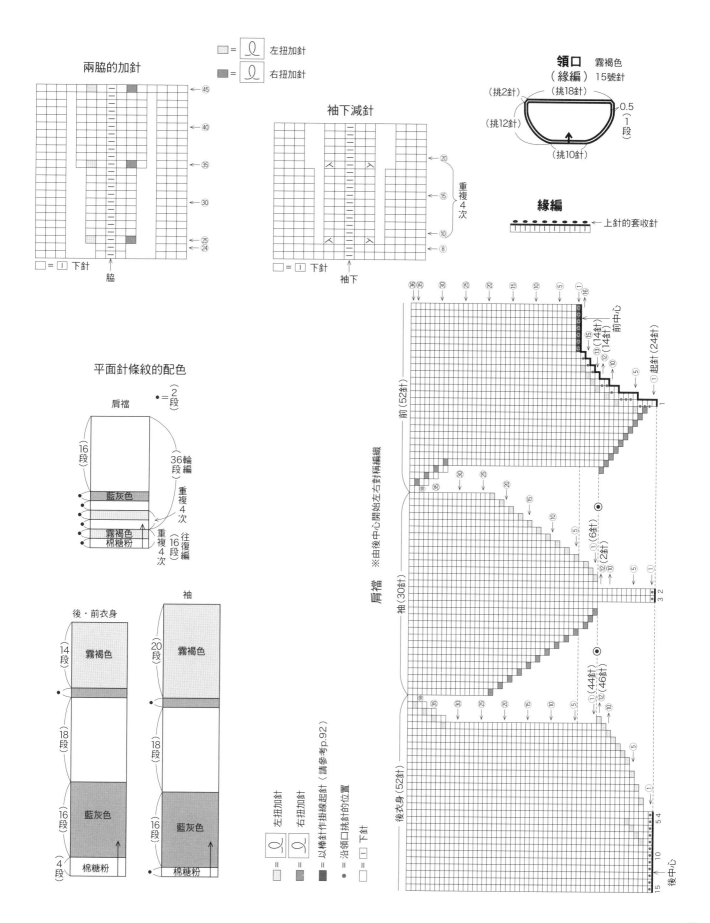

両脇的加針

□ = Q 左扭加針
■ = Q 右扭加針

領口
（緣編）霧褐色
15號針

（挑2針）（挑18針）
（挑12針）
（挑10針）
0.5
（1段）

← 45
← 40
← 35
← 30
← 25
← 24

□ = 田 下針
脇

緣編
← 上針的套收針

袖下減針

← 20
重複4次
← 15
← 10
← 8

□ = 田 下針
袖下

平面針條紋的配色

• = 2段

肩襠
16段
36輪編
藍灰色
重複4次
霧褐色
棉糖粉
重複16段
往復編16段
重複4次

後・前衣身
14段 霧褐色
•
18段
16段 藍灰色
4段 棉糖粉

袖
20段 霧褐色
•
18段
16段 藍灰色
• 棉糖粉

= Q 左扭加針
= Q 右扭加針
= 以棒針作掛線起針（請參考p.92）
• = 沿領口挑針的位置
□ = 田 下針

※由後中心開始左右對稱編織

肩襠 前（52針）

袖（30針）

肩襠（30針）

後衣身（52針）

前中心
起針（24針）
（14針）
（14針）

（6針）
（2針）

（44針）
（46針）

後中心

65

●工具＆材料
線材…Avril Wool Penny　土耳其藍（03）40g、香檸綠（04）40g、柔黃色（06）180g。棒針…6・5號輪針（60cm或80cm）、6・5號各4枝

●密度
10cm正方形平面針條紋 25針×34段

●完成尺寸
胸圍89cm　衣長58.5cm　肩袖長69cm

●編織要點
肩襠…手指掛線法起針，從領口開始依肩襠織圖編織平面針。起針

後以往復編進行，從V領尖端開始改為輪編，換色時，將段的編織起點移至左袖與後衣身的交界處。將肩襠分成前・後衣身與袖子，袖子部分暫休針。

衣身＆袖…前・後衣身之間的襠份以別鎖起針連接，在別鎖與肩襠挑針，進行衣身的輪編。解開襠份的別鎖，在肩襠與襠份上挑針，進行袖子的輪編。兩脇、袖下的1針織上針，再依織圖分別加減針。下襬、袖口織二針鬆緊針，收針段作二針鬆緊針的收縫。接著沿領口挑針，一邊織上針一邊套收。

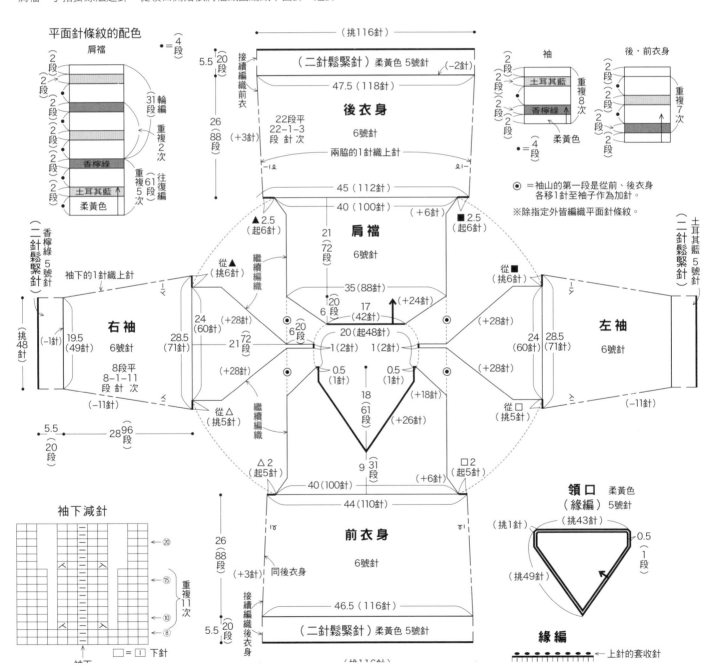

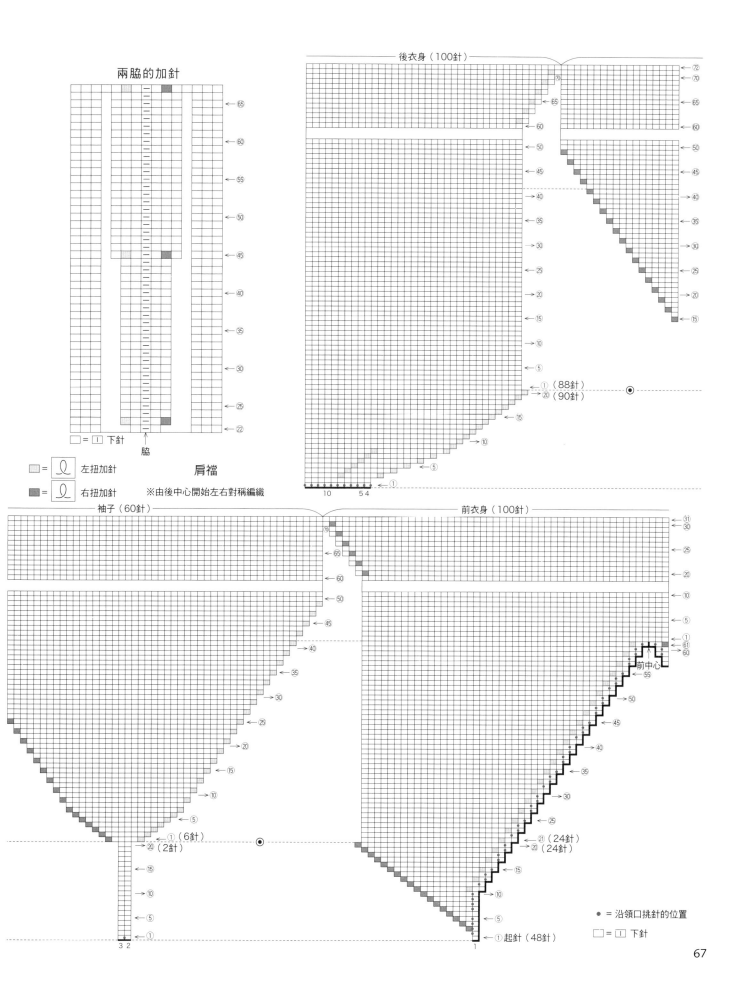

兩脇的加針

後衣身（100針）

→72
→70
←65
←60
←50
←45
←40
←35
→30
→25
→20
←15

←65
←60
←55
←50
←45
←40
←35
←30
←25
←22

□ = I 下針

↑
脇

□ = 左扭加針

□ = 右扭加針

左扭加針
右扭加針

※由後中心開始左右對稱編織

肩襠

←①（88針）
←⑳（90針）

⦿

←①
←⑮
→⑩
←⑤
←①

10 5 4

袖子（60針）

前衣身（100針）

→⑪
→③⓪
→②⑤
→②⓪
→⑩
→⑤
→①
→⑥①
→⑥⓪
前中心
←⑤⑤
→⑤⓪
→④⑤
→④⓪
→③⑤
→③⓪
→②⑤
←②①（24針）
←②⓪（24針）
←⑮
→⑩
→⑤

←⑦⓪
←⑥⑤
←⑥⓪
←⑤⓪
←④⑤
→④⓪
→③⑤
→③⓪
←②⑤
→②⓪
←⑮
→⑩
→⑤

→①（6針）
→⑳（2針）

⦿

→⑮
→⑩
→⑤
←①

3 2

←①（24針）
←②①（24針）
←②⓪（24針）

←①起針（48針）

1

● = 沿領口挑針的位置

□ = I 下針

67

●工具&材料

線材…Puppy Kid Mohair Fine　白色（1）15g＝1球、藍色（53）45g＝2球，Princess Anny　灰色（518）150g＝4球。棒針…8號輪針（60cm或80cm）、8號4枝。鉤針…6/0號

●密度

10cm正方形平面針 Kid Mohair（1條）18針×28段・（2條）17針×24段、Princess Anny 19針×27.5段

●完成尺寸

胸圍81cm　衣長63.5cm　肩袖長 約68cm

●編織要點

肩襠…手指掛線法起針，從領口開始依肩襠織圖編織平面針。起針後以往復編進行，在前領口中央作別鎖起針，挑針後改為輪編。依圖示改換色線，將肩襠分成前・後衣身與袖子，袖子部分暫休針。

衣身&袖…前・後衣身之間的襠份以別鎖起針連接，在別鎖與肩襠挑針，進行衣身的輪編。解開襠份的別鎖，在肩襠與襠份上挑針，進行袖子的輪編。兩脇、袖下的1針織上針，再依織圖分別加減針。依圖示在指定段換色，改取2條藍線一起編織，不加減針。下襬、袖口織3段起伏針，最終段一邊織上針一邊套收。接著沿領口挑針，鉤織引拔針修邊。

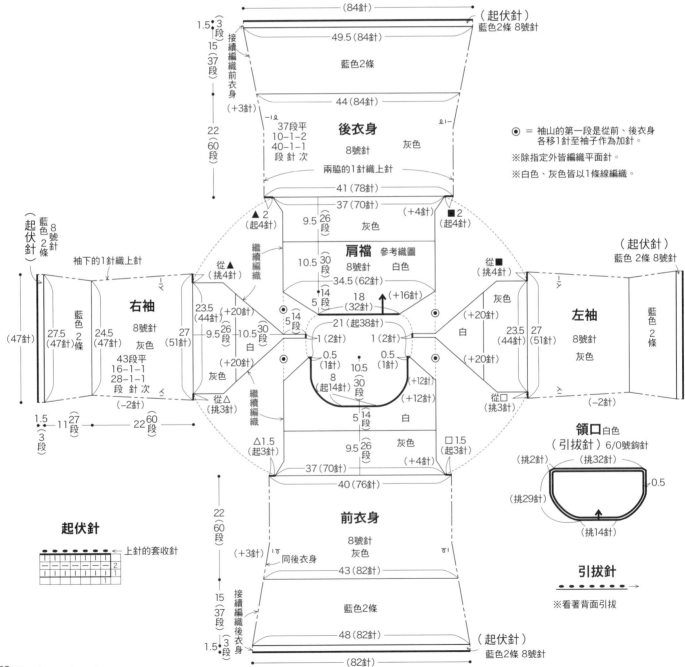

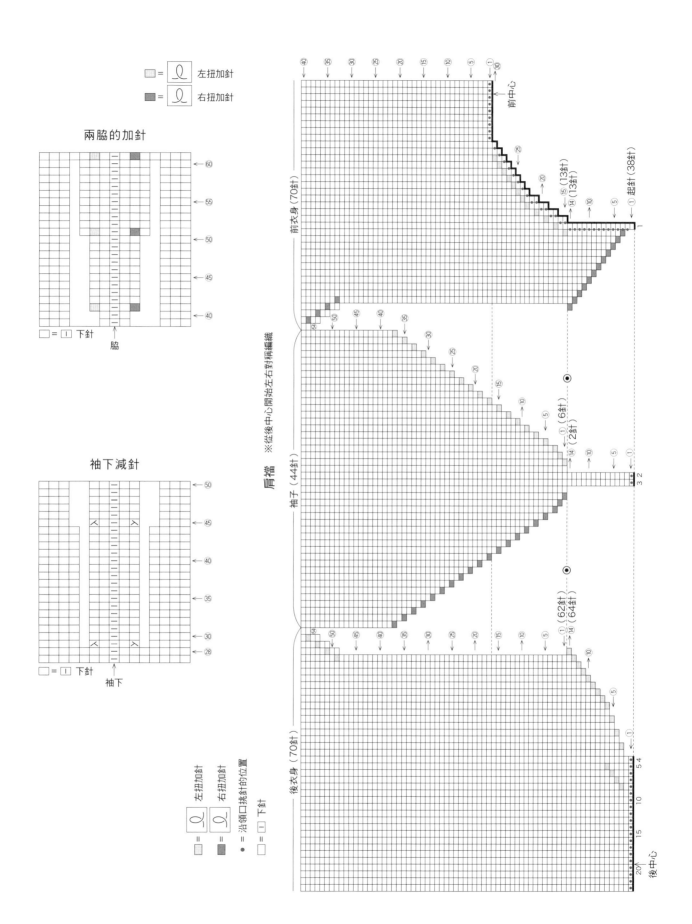

両脇的加針

□ = ⌇ 左扭加針
■ = ⌇ 右扭加針

□ = ⌐ 下針

脇

袖下減針

□ = ⌐ 下針

袖下

⌇ = Ω 左扭加針
⌇ = Ω 右扭加針
● = 沿領口挑針的位置
□ = ⌐ 下針

肩襠　※從後中心開始左右對稱編織

前衣身（70針）

前中心

起針（38針）
（13針）
（13針）

袖子（44針）

（6針）
（2針）

（62針）
（64針）

後衣身（70針）

後中心

11 | 圍裹式撞色V領毛衣 Picture on 30 page

●工具＆材料
線材…Puppy Kid Mohair Fine　粉紅色（44）50g＝2球、
Princess Anny　駝黃色（528）140g＝4球。棒針…8號輪針
（60cm或80cm）、8號4枝

●密度
10cm正方形平面針 Kid Mohair Fine（2條）17針×24段、
Princess Anny 18.5針×26段

●完成尺寸
胸圍83cm　衣長62cm　肩袖長38.5cm

●編織要點
肩襠…手指掛線法起針，從領口開始依肩襠織圖編織平面針。起
針後以往復編進行。將肩襠分成前・後衣身與袖子，袖子部分暫休
針。
衣身＆袖…前・後衣身之間的襠份以別鎖起針連接，並且將肩襠的
前衣身交疊固定。在別鎖與肩襠挑針，進行衣身的編織。解開襠份
的別鎖，在肩襠與襠份上挑針，進行袖子的輪編，最後織套收針。
兩脇的1針織上針，依織圖加針。下襬織起伏針，最終段一邊織上
針一邊套收。

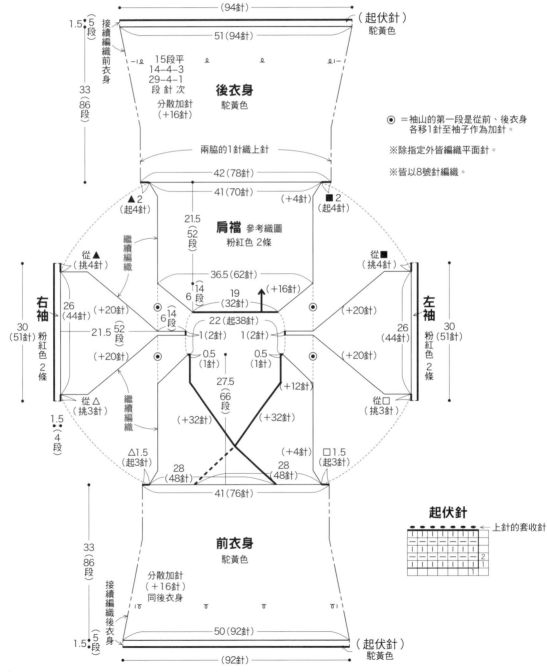

◉＝袖山的第一段是從前、後衣身
各移1針至袖子作為加針。

※除指定外皆編織平面針。

※皆以8號針編織。

起伏針
上針的套收針

70　Top-Down Sweaters

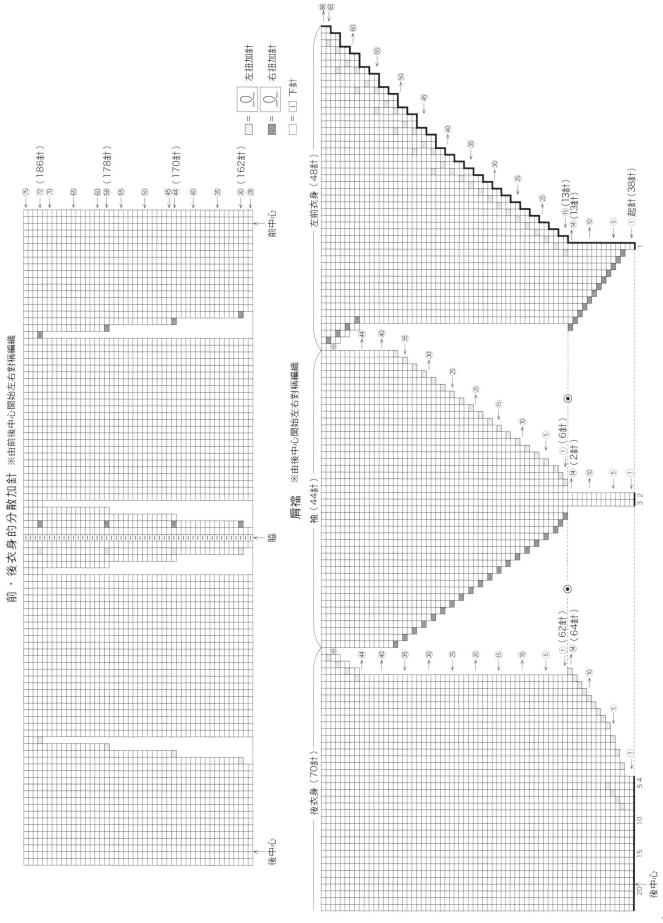

前・後衣身的分散加針 ※由前後中心開始左右對稱編織

= 左扭加針
= 右扭加針
= □ 下針

●工具＆材料

線材…Hamanaka Aran Tweed　灰色（3）300g＝8球。棒針…
10・8號輪針（60cm或80cm）、10・8號各4枝

●密度

10cm正方形平面針 16針×23段

●完成尺寸

胸圍94cm　衣長55cm　肩袖長61cm

●編織要點

肩襠…手指掛線法起針，從領口開始依肩襠織圖編織平面針。
起針後以往復編進行，在前領口中央以棒針作掛線起針（參考

p.92），之後改為輪編。將肩襠分成前・後衣身與袖子，袖子部
分暫休針。

衣身＆袖…前・後衣身之間的襠份以別鎖起針連接，在別鎖與肩襠
挑針，進行衣身的輪編。解開襠份的別鎖，在肩襠與襠份上挑針，
進行袖子的輪編。兩脇、袖下的1針織上針，袖子依織圖減針。從
開衩止點開始，分別以往復編編織前、後衣身與袖子，兩脇與袖下
的上針改織下針。繼續以二針鬆緊針編織下襬、袖口，收針段作二
針鬆緊針的收縫。接著沿領口挑針，同樣織二針鬆緊針，最後作收
縫即可。

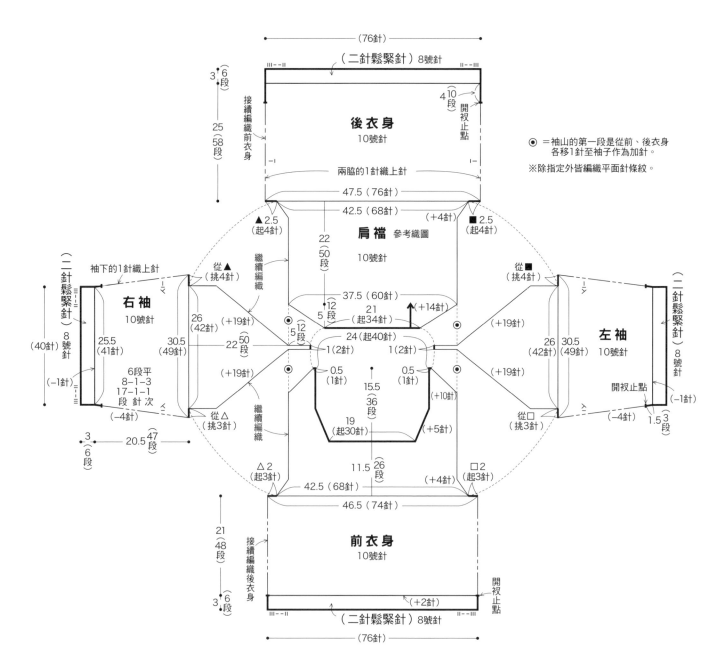

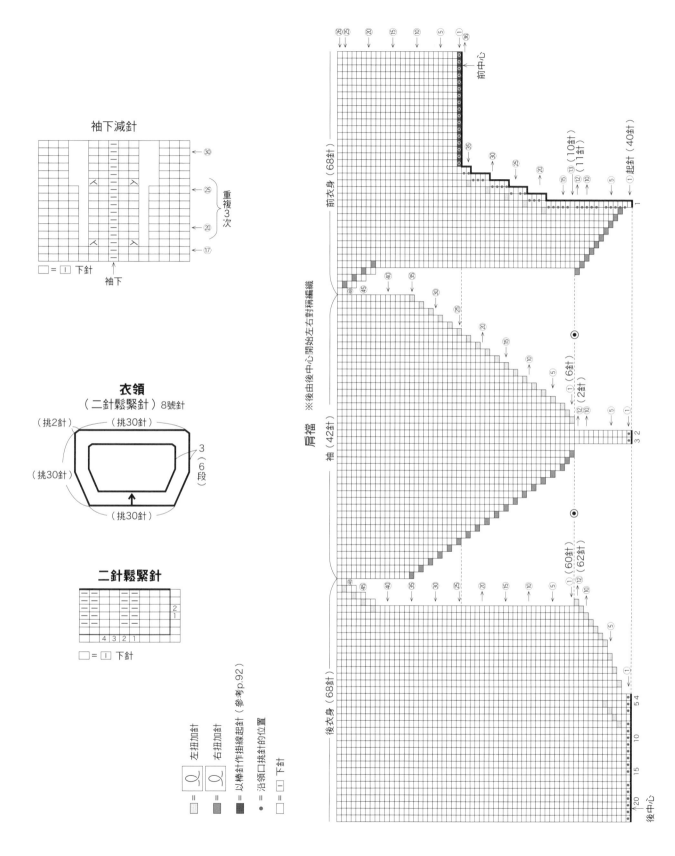

袖下減針

□ = □ 下針

袖下

衣領
（二針鬆緊針）8號針

（挑2針）　（挑30針）

（挑30針）

（挑30針）　3
6
段

二針鬆緊針

4 3 2 1
2
1

□ = □ 下針

= 左扭加針

= 右扭加針

= 以棒針作掛線起針（參考p.92）

• = 沿領口挑針的位置

□ = □ 下針

前衣身（68針）

前中心

肩襠　※後由後中心開始左右對稱編織

袖（42針）

後衣身（68針）

後中心

起針（40針）

13（10針）
（11針）

（6針）

（2針）

（60針）
（62針）

●工具&材料

線材…Hamanaka Alpaka Mohair Fine　杏色（2）160g＝7球。

棒針…6號輪針（60cm或80cm）、6・4號各4枝

●密度

10cm正方形平面針 18針×30段

●完成尺寸

胸圍87cm　衣長57.5cm　肩袖長 約56cm

●編織要點

肩襠…手指掛線法起針，從領口開始依肩襠織圖編織平面針。

起針後以往復編進行，在前領口中央以棒針作掛線起針（參考p.92），之後改為輪編。將肩襠分成前・後衣身與袖子，袖子部分暫休針。

衣身&袖…前・後衣身之間的襠份以別鎖起針連接，在別鎖與肩襠挑針，進行衣身的輪編。解開襠份的別鎖，在肩襠與襠份上挑針，進行袖子的輪編。兩脇、袖下的1針織上針，再依織圖分別加針。下襬、袖口改織花樣編，兩脇仍織上針，最終段織鬆鬆的套收針。接著沿領口挑針，織套收針。

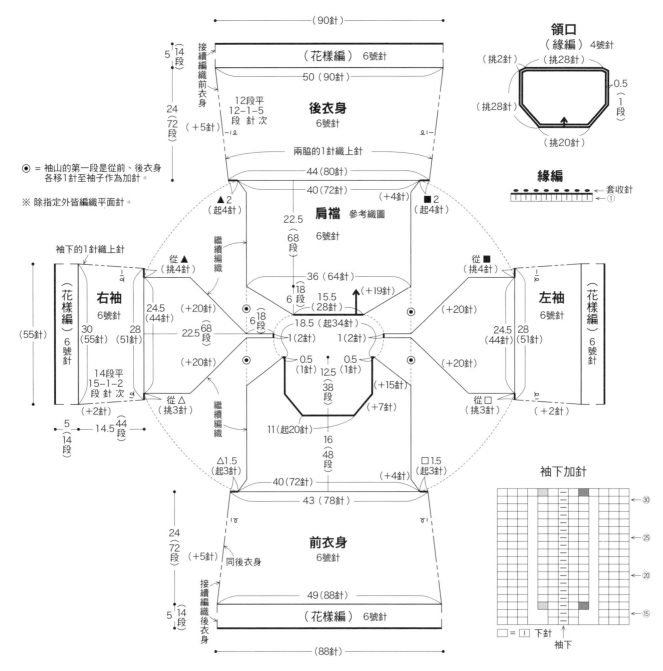

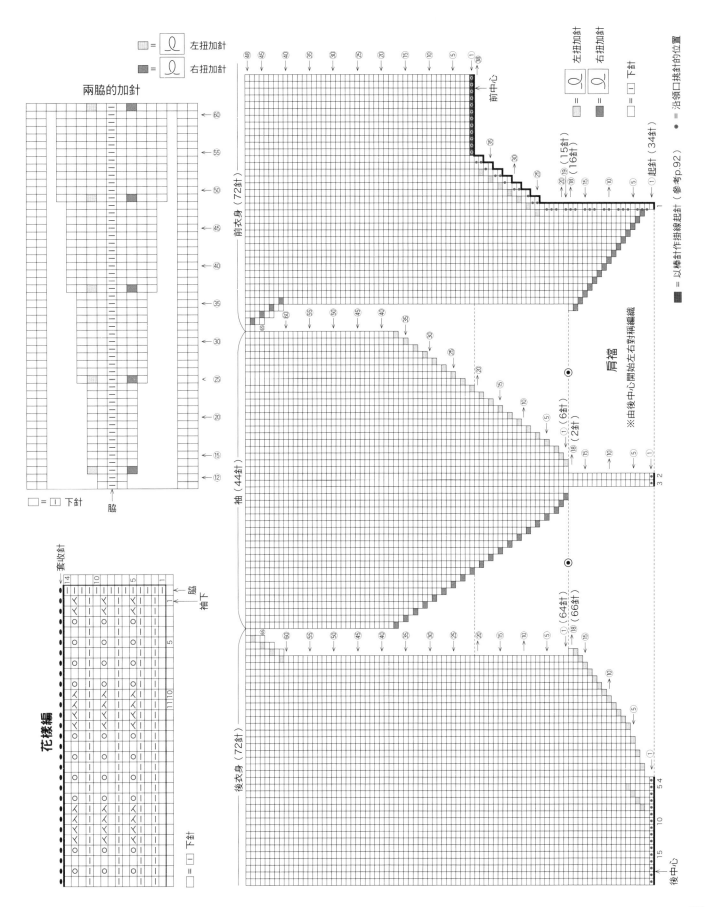

両脇的加針

花樣編

□ = 左扭加針
■ = 右扭加針

□ = 匚 下針

脇

套收針

袖下
脇

□ = 匚 下針

前衣身（72針）

前中心

後衣身（72針）

後中心

袖（44針）

肩襠

※由後中心開始左右對稱編織

⊙ = 左扭加針
⊙ = 右扭加針
□ = 匚 下針
● = 沿領口挑針的位置

■ = 以棒針作掛線起針（參考p.92）

起針（34針）

（15針）
（16針）

（6針）
（2針）

（64針）
（66針）

及膝的長版開襟外套 Picture on **34** page

●工具＆材料
線材…Puppy Classico 綠色（221）330g＝7球、灰色（218）215g＝5球、Bottonato 碳灰色（108）20g＝1球。棒針…8・7號輪針、8・7號各4枝。其他…直徑2cm鈕釦7顆

●密度
10cm正方形平面針 18針×25段

●完成尺寸
胸圍96.5cm　衣長83.5cm　肩袖長73.5cm

●編織要點
肩襠…手指掛線法起針，從領口開始依肩襠織圖，編織往復編的平面針與花樣編。在左、右兩端織捲針，作為前襟的起針針目。一邊

編織右前襟，一邊在織圖的指定位置開釦眼。將肩襠分成前・後衣身與袖子，袖子部分暫休針。

衣身＆袖…前・後衣身之間的襠份以別鎖起針連接，在別鎖與肩襠挑針進行往復編，編織平面針條紋、花樣編條紋、一針鬆緊針條紋的衣身。解開襠份的別鎖，在肩襠與襠份上挑針，進行袖子的輪編。兩脇、袖下的1針織上針，再依織圖分別加針。在衣身口袋的位置織入別線。下襬、袖口分別減針，編織花樣編，最終段依前段針目，編織上針與下針的套收針。解開口袋的別線，挑針編織口袋裡和袋口花樣，再縫於衣身固定。接著沿領口挑針，一邊織上針一邊套收，最後在左前襟縫上鈕釦。

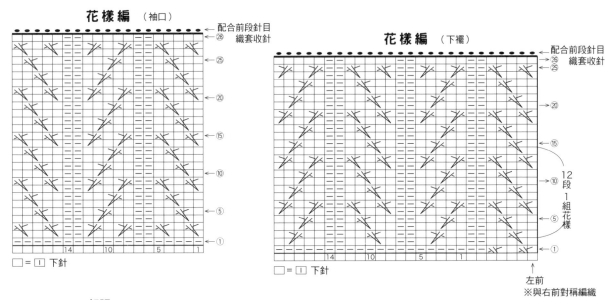

花樣編 （袖口）

花樣編 （下襬）

□ = ◻ 下針

花樣編 （口袋口）

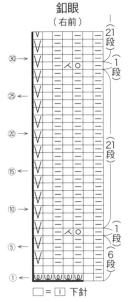

釦眼
（右前）

□ = ◻ 下針

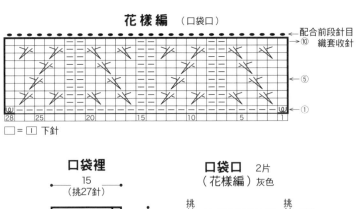

口袋裡

口袋口 2片
（花樣編）灰色

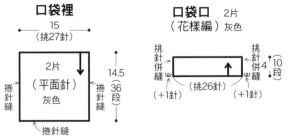

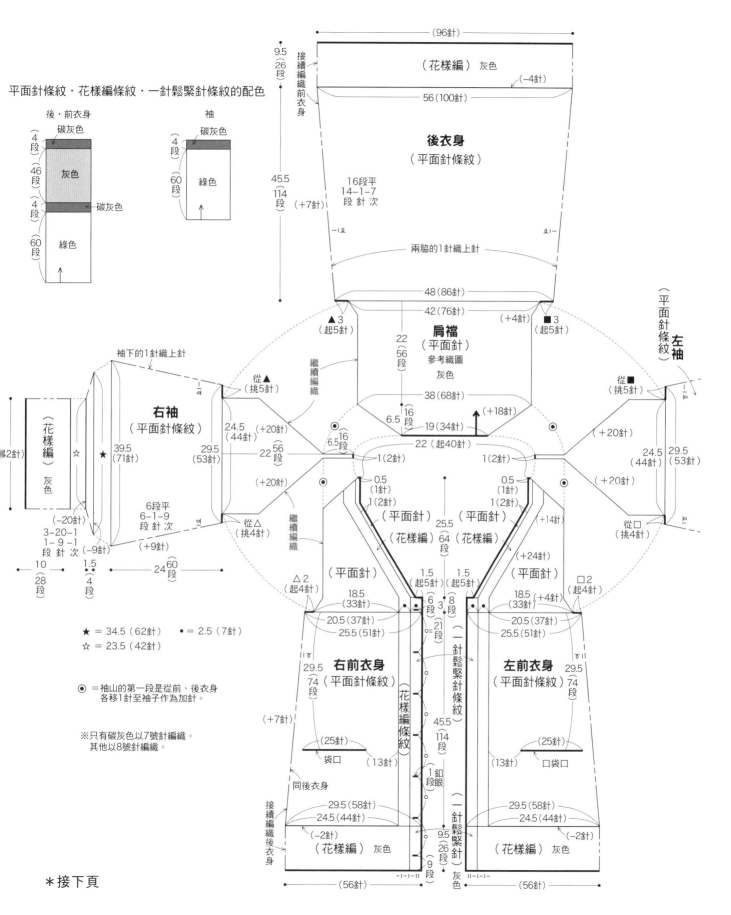

平面針條紋・花樣編條紋・一針鬆緊針條紋的配色

後・前衣身

碳灰色

〈4段〉

灰色 〈46段〉

碳灰色 〈4段〉

綠色 〈60段〉

袖

碳灰色

〈4段〉

綠色 〈60段〉

（花樣編）灰色

（96針）

（－4針）

56（100針）

後衣身
（平面針條紋）

9.5〈26段〉

接續編織前衣身

45.5〈114段〉 （＋7針）

16段平
14-1-7
段 針 次

－1〈〉

兩脇的1針織上針

〈〉1－

48（86針）

42（76針）

（＋4針）

▲3（起5針）

■3（起5針）

（平面針條紋）左袖

袖下的1針織上針

（右袖）（平面針條紋）

從▲（挑5針）

繼續編織

肩檔
（平面針）
參考織圖
灰色

22〈56段〉

從■（挑5針）

－1〈〉

24.5（44針）（＋20針）

29.5（53針）

38（68針）

（＋20針）

24.5（44針）

29.5（53針）

（花樣編）〈2針〉

★

39.5（71針）

22〈56段〉

6.5〈16段〉

⊙

6.5〈16段〉

⊙

19（34針）

（＋18針）

⊙

6段平
6-1-9
段 針 次

（＋20針）

從△（挑4針）

繼續編織

22（起40針）

1（2針）

1（2針）

0.5（1針）

1（2針）

0.5（1針）

1（2針）

（＋14針）

從□（挑4針）

3-20-1
1-9-1
段 針 次 （＋9針）

（平面針）

（花樣編）

（平面針）

25.5〈64段〉

（花樣編）

（平面針）

（＋24針）

10〈28段〉

1.5〈4段〉（－9針）

24〈60段〉

△2（起4針）

1.5（起5針）1.5（起5針）

□2（起4針）

（－20針）

★＝34.5（62針）　●＝2.5（7針）
☆＝23.5（42針）

18.5（33針）

20.5（37針）

25.5（51針）

6段 3
21段

8段 3
21段

（＋4針）

18.5（33針）

20.5（37針）

25.5（51針）

⊙＝袖山的第一段是從前、後衣身
各移1針至袖子作為加針。

29.5〈74段〉

右前衣身
（平面針條紋）

（花樣編條紋）

（一針鬆緊針條紋）

左前衣身
（平面針條紋）

29.5〈74段〉

※只有碳灰色以7號針編織。
其他以8號針編織。

（＋7針）

（25針）

袋口

（13針）

45.5〈114段〉

1釦眼段

（13針）

口袋口

（25針）

（－2針）

同後衣身

接續編織後衣身

29.5（58針）

24.5（44針）

（花樣編）灰色

9.5〈26段〉

9段

（一針鬆緊針）灰色

29.5（58針）

24.5（44針）

（花樣編）灰色

（－2針）

＊接下頁

（56針）

（56針）

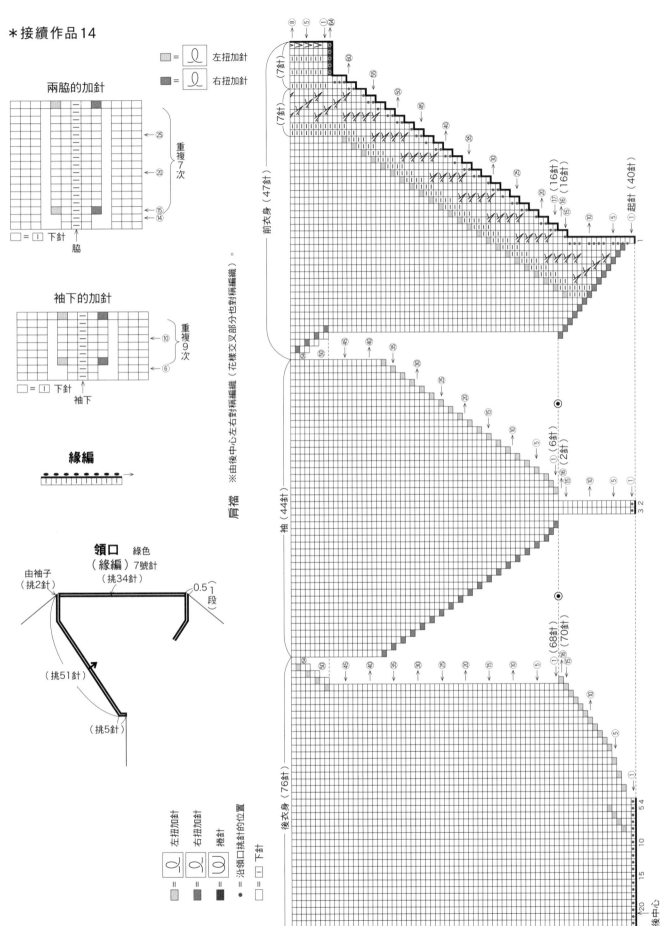

＊接續作品14

□ = $\begin{array}{|c|}\hline Q \\ \hline\end{array}$ 左扭加針

■ = $\begin{array}{|c|}\hline Q \\ \hline\end{array}$ 右扭加針

兩脇的加針

←㉖
←⑳
←⑮
←⑭

重複7次

□ = $\boxed{\text{I}}$ 下針

脇

袖下的加針

←⑩
←⑥

重複9次

□ = $\boxed{\text{I}}$ 下針

袖下

緣編

領口 綠色
（緣編）7號針
（挑34針）

由袖子
（挑2針）

0.5／1段

（挑51針）

（挑5針）

左扭加針
右扭加針
捲針

= ● = 沿領口挑針的位置

= □ = 下針

前衣身（47針）

肩襠 ※由後中心左右對稱編織（花樣交叉部分也對稱編織）。

袖（44針）

後衣身（76針）

後中心

●工具＆材料
線材…Avril Wool Lilyyarn　哈密瓜（304）170g、卡其色（302）85g。棒針…8・6號輪針（60cm或80cm）、8・6號各4枝

●密度
10cm正方形平面針 17.5針×27段

●完成尺寸
胸圍87cm　衣長64cm　肩袖長 71.5cm

●編織要點

肩襠…手指掛線法起針，從領口開始依肩襠織圖編織平面針。起針後以往復編進行，在前領口中央以棒針作掛線起針（參考p.92），之後改為輪編。將肩襠分成前・後衣身與袖子，袖子部分暫休針。

衣身＆袖…前・後衣身之間的襠份以別鎖起針連接，在別鎖與肩襠挑針，進行衣身的輪編。解開襠份的別鎖，在肩襠與襠份上挑針，進行袖子的輪編。兩脇、袖下的1針織上針，再依織圖分別加減針。依織圖改換色線，下襬、袖口織3段起伏針，最終段一邊織上針一邊套收。接著沿領口挑針，編織起伏針。

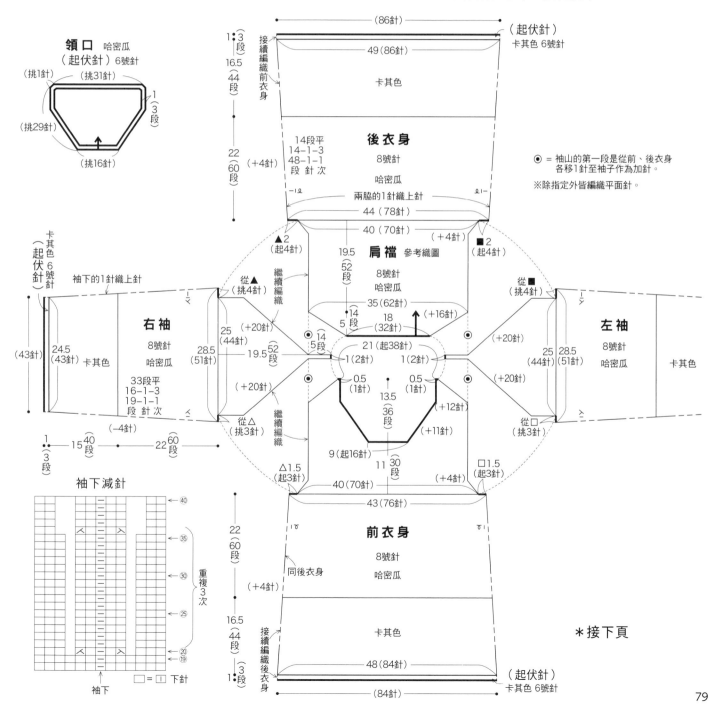

＊接續作品19・20

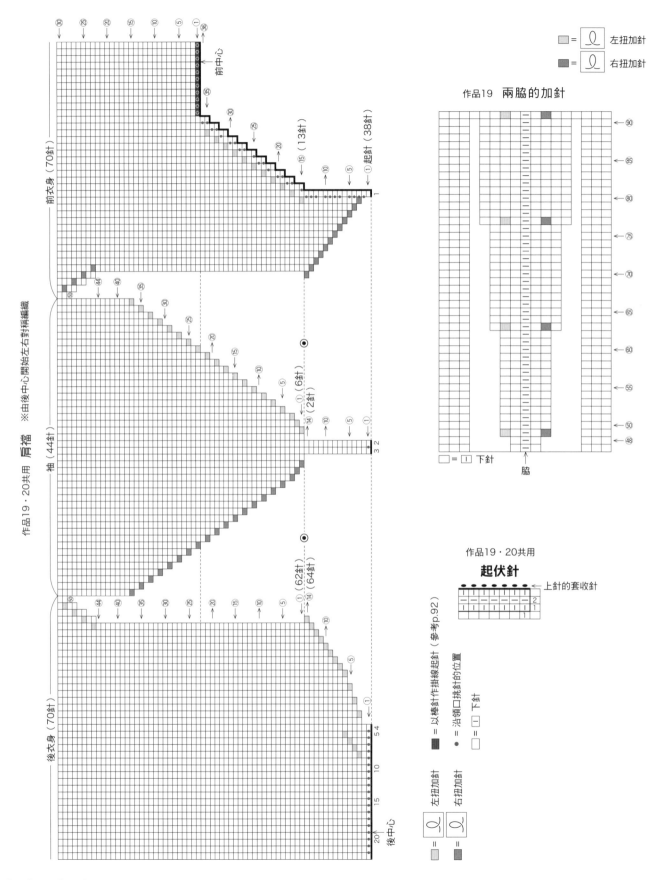

●**工具＆材料**

線材…Avril Mohair Loop 燕麥色（43）190g、Merino　L.杏色（05）60g。棒針…8・6號輪針（60cm或80cm）、8・6號各4枝

●**密度**

10cm正方形平面針 16.5針×28段

●**完成尺寸**

胸圍93cm　衣長57.5cm　肩袖長 69.5cm

●**編織要點**

Mohair Loop與Merino各取一條，以二條線一起編織。

肩襠…手指掛線法起針，從領口開始依肩襠織圖編織平面針。起針後以往復編進行，在前領口中央以棒針作掛線起針（參考p.92），之後改為輪編。將肩襠分成前・後衣身與袖子，袖子部分暫休針。

衣身＆袖…前・後衣身之間的襠份以別鎖起針連接，在別鎖與肩襠挑針，進行衣身的輪編。解開襠份的別鎖，在肩襠與襠份上挑針，進行袖子的輪編。兩脇、袖下的1針織上針，袖子依織圖減針。下襬、袖口織3段起伏針，最終段一邊織上針一邊套收。接著沿領口挑針，編織起伏針。

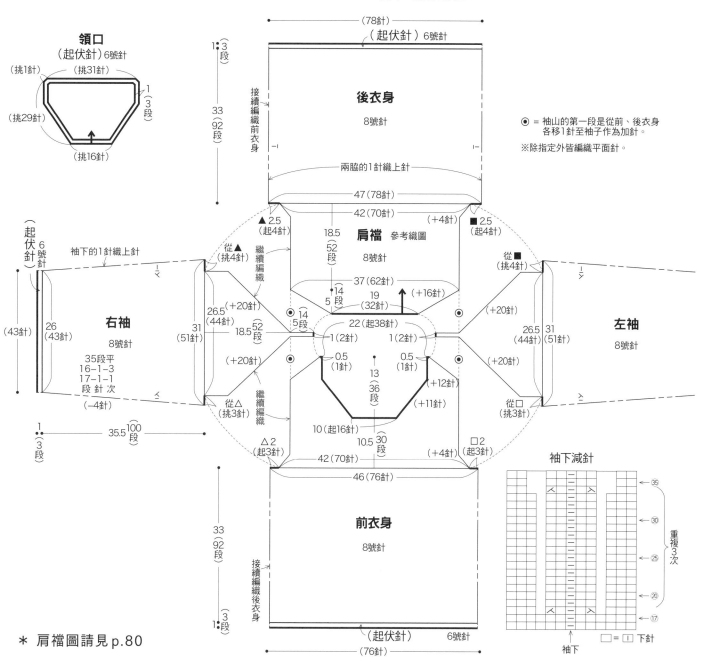

* 肩襠圖請見 p.80

15

以粗線輕鬆編織的九分袖針織大衣 Picture on 36 page

●工具＆材料

線材…Avril Gaudy　藏青色（21）750g、Puff（黑芯）　B.粉紅色（B-3）5g。棒針…15號輪針、15號4枝

●密度

10cm正方形平面針 12針×18段

●完成尺寸

胸圍117cm　衣長76.5cm　肩袖長 約71cm

●編織要點

肩襠…手指掛線法起針，從領口開始，依肩襠織圖編織往復編的平

面針。將肩襠分成前・後衣身與袖子，袖子部分暫休針。

衣身＆袖…前・後衣身之間的襠份以別鎖起針連接，在別鎖與肩襠挑針，繼續進行衣身的往復編。解開襠份的別鎖，在肩襠與襠份上挑針，進行袖子的輪編。兩脇、袖下的1針織上針，再依織圖分別加減針。下襬、袖口編織6段一針鬆緊針，最後織套收針。取Gaudy與Puff線（黑芯）各一條，以二條線一起編織口袋。手指掛線法起針，編織上針的平面針，再依圖示縫於衣身固定。

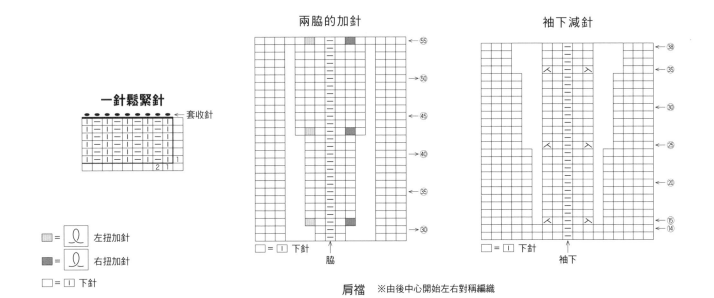

兩脇的加針

袖下減針

一針鬆緊針

套收針

□ = ┃ 下針

脇

□ = ┃ 下針

袖下

□ = 𝒬 左扭加針

□ = 𝒬 右扭加針

□ = ┃ 下針

肩襠　※由後中心開始左右對稱編織

後衣身（62針）　袖（42針）　前衣身（31針）

① (56針)　① (6針)　① (11針)
⑭ (58針)　⑭ (2針)　⑭ (12針)

① 起針（34針）

15　10　5 4　3 2　1

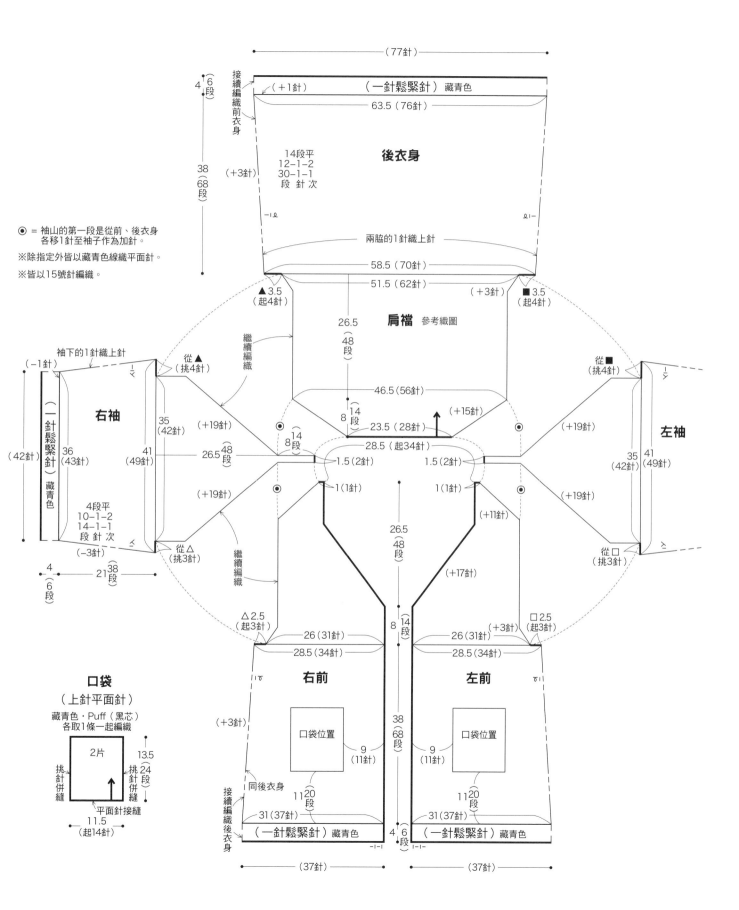

（77針）

●工具&材料
線材…Avril Cross Bred　白色（01）245g、粉橘（03）25g、深灰（07）15g、藍色（22）15g。棒針…5號輪針、5號4枝。其他…直徑1.3cm鈕釦6顆
●密度
10cm正方形平面針 22針×30段
●完成尺寸
胸圍92cm　衣長51.5cm　肩袖長66.5cm
●編織要點

肩襠…手指掛線法起針，從領口開始，依肩襠織圖編織往復編的平面針。將肩襠分成前・後衣身與袖子，袖子部分暫休針。
衣身&袖…前・後衣身之間的襠份以別鎖起針連接，在別鎖與肩襠挑針，繼續進行衣身的往復編。解開襠份的別鎖，在肩襠與襠份上挑針，進行袖子的輪編。兩脇、袖下的1針織上針，袖子依織圖減針。下襬、袖口分別以指定色線編織一針鬆緊針，最後織套收針。接著沿領口和前襟挑針編織，並且在右前襟作出釦眼。手指掛線法起針，完成口袋後，依圖示縫於衣身固定，最後在左前襟縫上鈕釦即可。

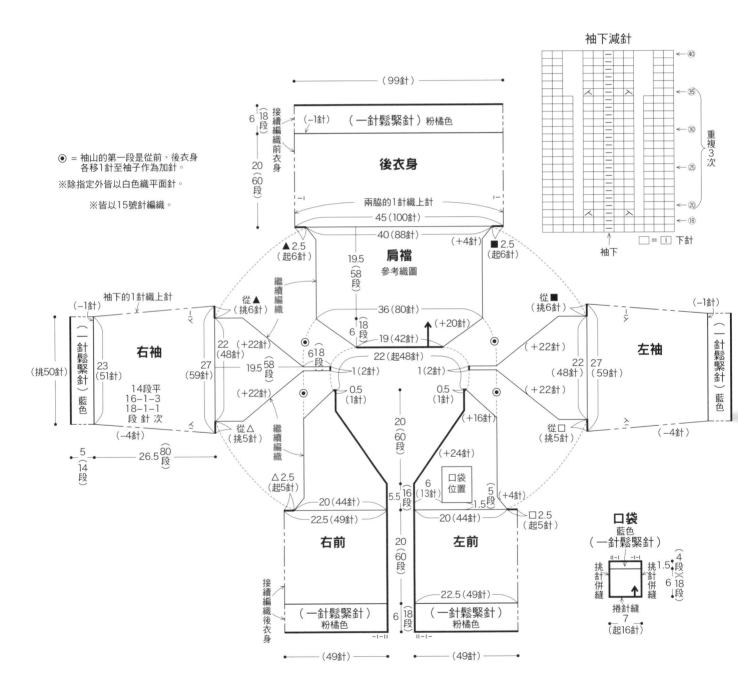

⊙ = 袖山的第一段是從前、後衣身各移1針至袖子作為加針。

※除指定外皆以白色織平面針。

※皆以15號針編織。

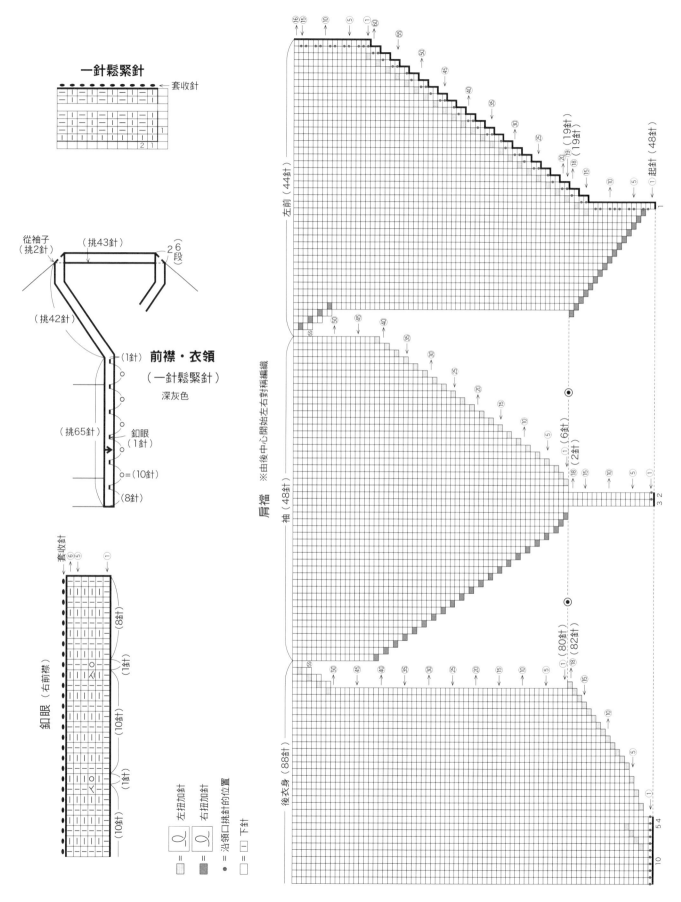

一針鬆緊針

套收針

從袖子
（挑2針）　（挑43針）　　2 6
　　　　　　　　　　　　段

（挑42針）

（1針）　**前襟・衣領**
　　　　（一針鬆緊針）
　　　　深灰色

（挑65針）　釦眼
　　　　　（1針）

＝（10針）

（8針）

釦眼（右前襟）

套收針

⑥⑤　　①

（8針）

（1針）

（10針）

（1針）

（10針）

　＝　左扭加針
　　Q
　＝　右扭加針
　　Q
　●　＝沿領口挑針的位置
■＝　　　□＝下針

肩襠　※由後中心開始左右對稱編織

左前（44針）

右前（48針）　起針（48針）

⑯⑮　⑩　　⑤　　①　60
　　　　　　　　　55
　　　　　　　50
　　　　　45
　　　40
　　35
　30
25
20⑲（19針）
19（19針）
18
15
10
⑤
①

袖（48針）

55　50　45　40　35　30　25　20　15　10　⑤　①（6針）
　　　　　　　　　　　　　　　　18（2針）
18　15　10　⑤　①
3 2

後衣身（88針）

55　50　45　40　35　30　25　20　15　10　⑤　①（80針）
　　　　　　　　　　　　　　　　18（82針）
　　　　　　　　　　　　　　15
　　　　　　　　　　　10
　　　　　　⑤
　　　①
5 4
10

17 18 混色開襟外套 Picture on 40-41 page

●工具&材料
線材…Hamanaka　Amerry　17 藏青色（17）290g＝8球、藍色（16）260g＝7球／18 酒紅色（19）260g＝7球、灰色（22）240g＝6球。棒針…12號輪針或2枝、12・10號各4枝。其他…直徑2.1cm鈕釦5顆
●密度
10cm正方形平面針 13針×21段
●完成尺寸
胸圍101.5cm　衣長17 64.5cm／18 58cm　肩袖長69.5cm

●編織要點
肩襠…手指掛線法起針，從領口開始，依肩襠織圖編織往復編的平面針。將肩襠分成前・後衣身與袖子，袖子部分暫休針。
衣身＆袖…前・後衣身之間的襠份以別鎖起針連接，在別鎖與肩襠挑針，繼續進行衣身的往復編。解開襠份的別鎖，在肩襠與襠份上挑針，進行袖子的輪編。兩脇、袖下的1針織上針，再依織圖分別加減針。下襬、袖口編織起伏針，最後織套收針。沿領口和前襟挑針編織，在右前襟作出鈕眼。口袋以手指掛線法起針，編織起伏針與平面針，再依圖示縫於衣身固定。最後在左前襟縫上鈕釦。

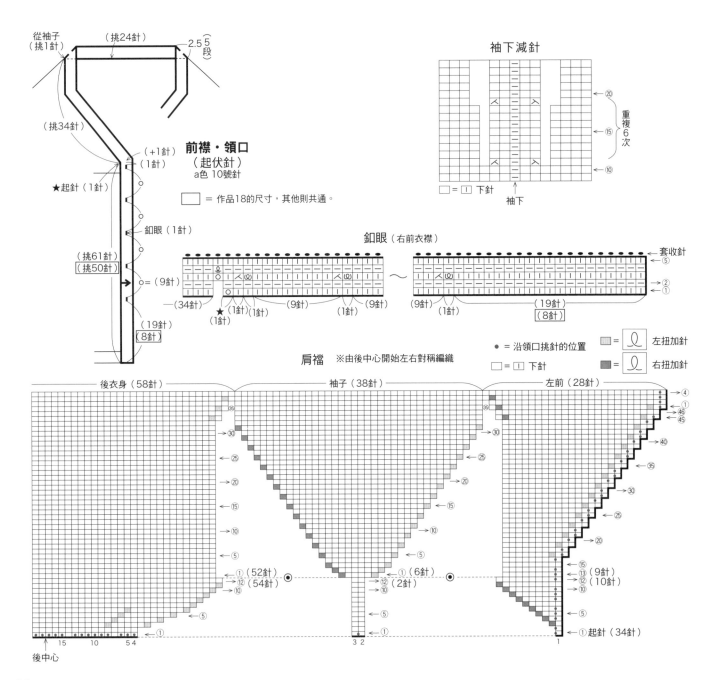

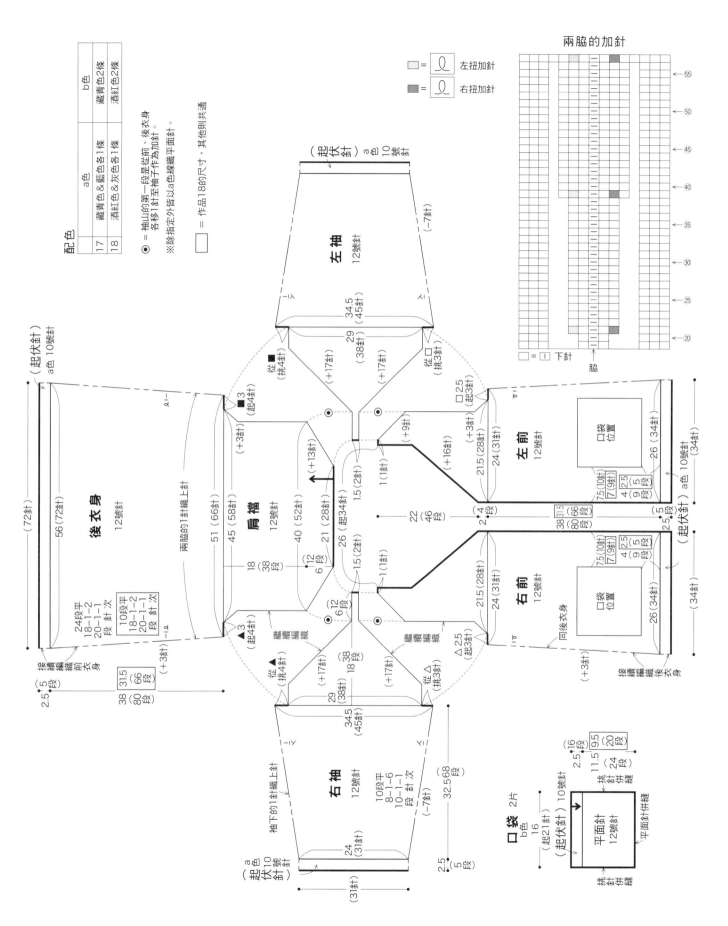

両脇的加針

□ = 下針

左扭加針

右扭加針

脇

配色

	a色		b色	
17	藏青色&藍色各1條		藏青色2條	
18	酒紅色&灰色各1條		酒紅色2條	

⊙ = 袖山的第一段是從前、後衣身各移1針至袖子作為加針。

※除指定外皆以a色線織平面針。

□ = 作品18的尺寸，其他則共通

左袖 (起伏針) a色 10號針 12號針

後衣身 12號針 a色 10號針 (起伏針)

肩襠 12號針

左前 12號針 a色 10號針 (起伏針)

右前 12號針

右袖 12號針

口袋 2片 b色 平面針 12號針

織入簡單圖案的毛衣 Picture on　46 page

●工具＆材料

線材…Puppy British Eroika 米灰色（200）380g＝8球、雞蛋黃（191）40g＝1球、酒紅色（168）40g＝1球、綠色（197）35g＝1球。棒針…10號輪針（60cm或80cm）、10號4枝

●密度

10cm正方形平面針、織入圖案皆是18針×22段

●完成尺寸

胸圍89cm　衣長65.5cm　肩袖長 約71cm

●編織要點

肩襠…手指掛線法起針，從領口開始依肩襠織圖編織平面針。起針後以往復編進行，從V領尖端開始改為輪編。將肩襠分成前‧後衣身與袖子，袖子部分暫休針。

衣身＆袖…前‧後衣身之間的襠份以別鎖起針連接，在別鎖與肩襠挑針，進行衣身的輪編。解開襠份的別鎖，在肩襠與襠份上挑針，進行袖子的輪編。兩脇、袖下的1針織上針，袖下依織圖減針。下襬、袖口編織10段花樣編後，織套收針。接著沿領口挑針，編織緣編即可。

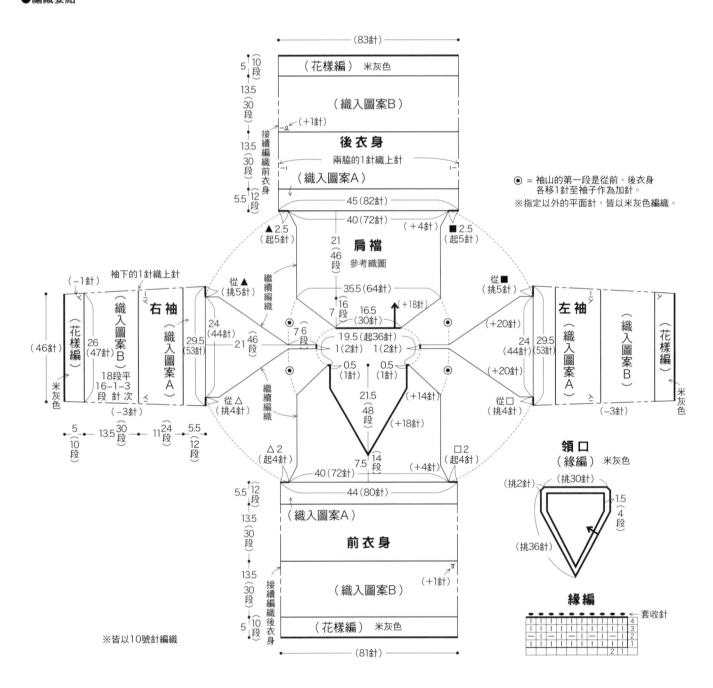

袖下減針

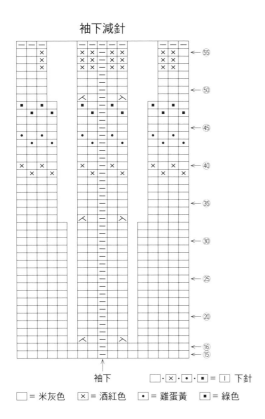

袖下　　□・×・•・■ = 🔲 下針

□ = 米灰色　　×= 酒紅色　　•= 雞蛋黃　　■= 綠色

織入圖案

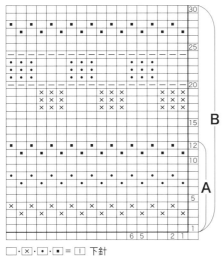

□・×・•・■ = 🔲 下針

□ = 米灰色　　×= 酒紅色　　•= 雞蛋黃　　■= 綠色

花樣編

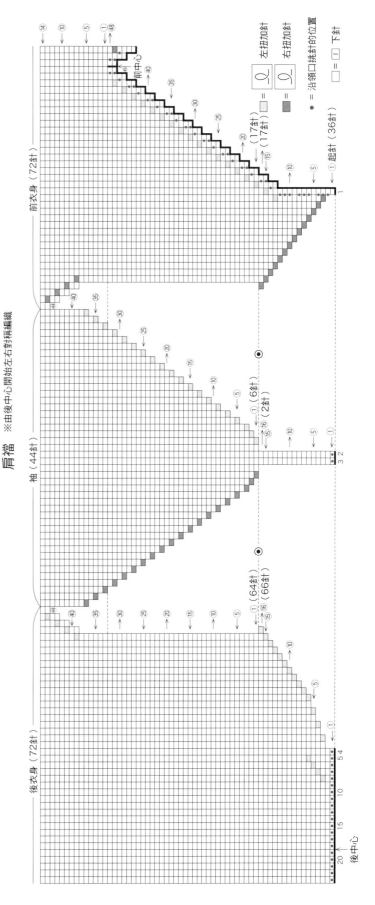

●工具＆材料
線材…Puppy Bottonato　原色（101）250g＝7球。棒針…8・6號輪針（60cm或80cm）、8・6號各4枝
●密度
10cm正方形平面針　20針×26段
●完成尺寸
胸圍97cm　衣長59.5cm　肩袖長38cm
●編織要點
肩襠…手指掛線法起針，從領口開始依肩襠織圖編織平面針。起針

後以往復編進行，在前領口中央以鉤針作別鎖起針，在別鎖挑針後改為輪編。在前衣身中央編織花樣編。將肩襠分成前・後衣身與袖子，袖子部分暫休針。
衣身＆袖…前・後衣身之間的襠份以別鎖起針連接，在別鎖與肩襠挑針，以輪編進行衣身的花樣編和平面針。解開襠份的別鎖，在肩襠與襠份上挑針，進行袖子的輪編。兩脇、袖下的1針織上針，兩脇依織圖減針後，接續編織緣編。編織袖口緣編第1段時，進行平均減針，最終段織套收針。接著沿領口挑針，編織緣編。

花樣編

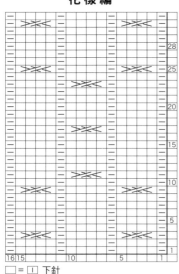

□ = 丨 下針

兩脇的減針

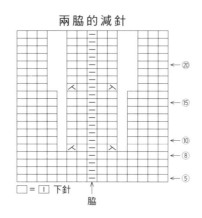

□ = 丨 下針

脇

緣編

（袖口・領口）

套收針

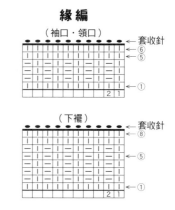

（下襬）

套收針

領口（緣編）

6號針

2.5 6段

（挑32針）
（挑2針）
（挑21針）
（挑16針）

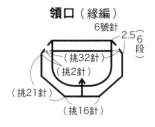

■ = Ｑ 左扭加針

■ = Ｑ 右扭加針

● = 沿領口挑針的位置

□ = 丨 下針

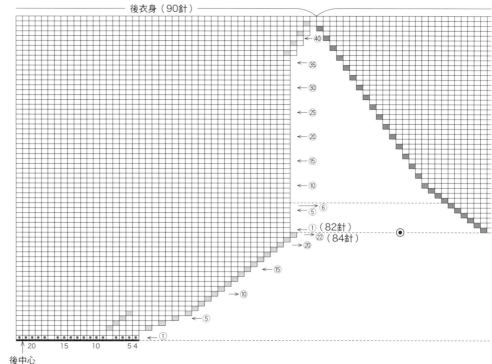

後衣身（90針）

後中心

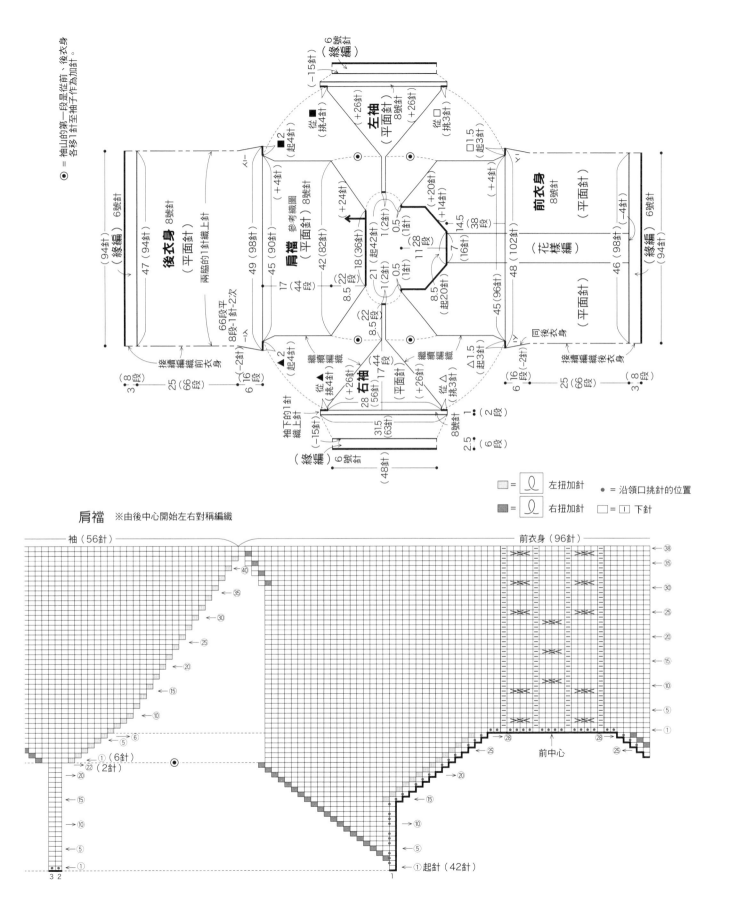

手指掛線起針法

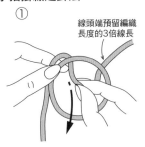

① 線頭端預留編織長度的3倍線長

作一線環，從線環中拉出一段線頭端的織線。

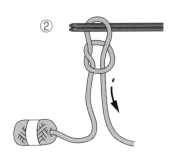

② 將2支棒針穿入拉出的小線環中，再下拉織線，收緊線環。

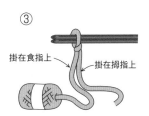

③ 掛在食指上　掛在拇指上

完成第一針。

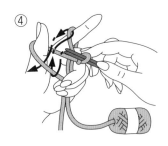

④ 依箭頭指示移動棒針，在棒針上掛線。

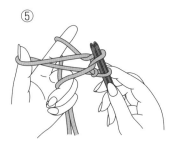

⑤ 鬆開掛在拇指上的織線。

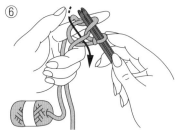

⑥ 拇指依箭頭指示再次勾住織線，慢慢收緊針目。

⑦ 完成第2針。重複步驟④～⑥，完成必要的起針數。

⑧ 完成起針的模樣。這就是第1段的正面。

右扭加針

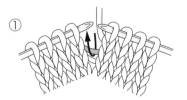

① 左針由外往內挑起針目之間的渡線。

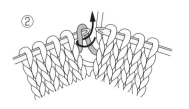

② 右針依箭頭指示織下針。

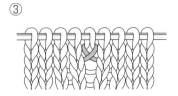

③ 編織後，渡線成往右扭轉的狀態。

左扭加針

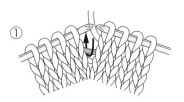

① 將左針由內往外挑起針目之間的渡線。

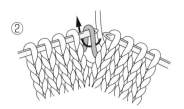

② 右針依箭頭指示織下針。

③ 編織後，渡線成往左扭轉的狀態。

棒針掛線起針法　… 織到段的編織終點時，先將織片翻面再起針。

①右針依箭頭指示穿入針目之間，掛線。

②挑出掛線。

③依箭頭指示扭轉針目後，掛在左針上。

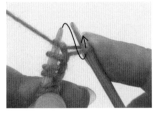

④重複步驟①～③，在左針上起好必要針數。然後回到正面繼續編織。

左上2針交叉

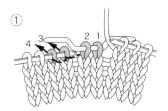

① 針目1、2移至麻花針上，放在外側暫休針，編織針目3、4。

② 編織針目1、2。

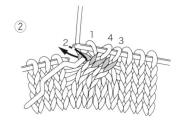

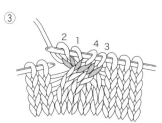

③ 完成左上2針交叉。

右上2針交叉

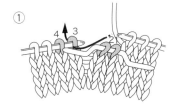

① 針目1、2移至麻花針上，放在內側暫休針，編織針目3、4。

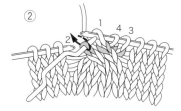

② 編織針目1、2。

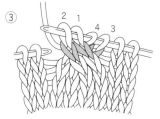

③ 完成右上2針交叉。

右上滑針的1針交叉

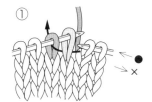

① 右針依箭頭指示跳過1針，穿入下一針。

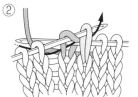

② 穿入的針目織下針。

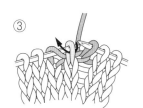

③ 右針依箭頭指示穿入先前跳過的針目，不編織，直接移至右針上。

④ 左針滑出編織的第2針即完成。

左上滑針的1針交叉

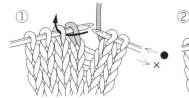

① 右針依箭頭指示跳過1針，穿入下一針。

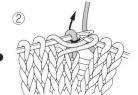

② 右針在穿入第2針的狀態下，直接穿入跳過的前1針。

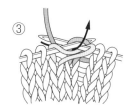

③ 前1針織下針。

④ 左針滑出第2針即完成。

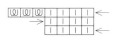

捲加針… 一邊編織，一邊加2針以上的加針法

① 織到段的編織終點後，在食指掛線，利用右針起針。

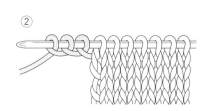

② 完成捲加針的模樣。

二針鬆緊針的收縫（平編）
●兩端為2針下針時

①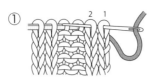
如圖所示，縫針從內側穿入針目1，再由外往內穿入針目2。

②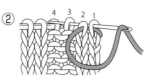
縫針再次由內往外穿入針目1，以及針目3。

③
縫針由內往外穿入針目2，跳過針目4，由外往內穿入針目5。

④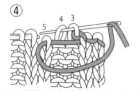
縫針穿入同為上針的針目3、4，由外穿入針目3，再往外穿出針目4。

⑤
接著，縫針穿入同為下針的針目5、6，由內穿出針目5，再由外穿入針目6。

⑥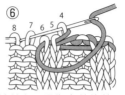
縫針穿入同為上針的針目4、7，由外穿入針目4，再往外穿出針目7。重複步驟③至⑥繼續收縫。

⑦
最後，將縫針穿入針目3'與1'。

●兩端為3針下針時

①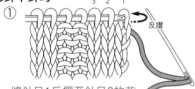
將針目1反摺至針目2的背面。

②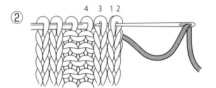
縫針由內往外穿入重疊的針目2、1，再由外往內穿入針目3。接下來的收縫方式，同「兩端為2針下針時」的②至⑥。

③
最後，將針目1'反摺至針目2'的背面，再以「兩端為2針下針時」的要領穿針，完成最後的收縫。

二針鬆緊針的收縫（輪編）

①
縫針由外往內穿入編織起點的針目1。

②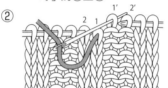
再由內往外穿入編織終點的針目1'。

③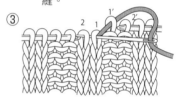
縫針由內往外穿入針目1，再由外往內穿入針目2。

④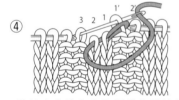
縫針由外往內穿入編織終點的針目1'，再往外穿出針目3。

⑤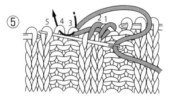
接下來，重複平編的步驟③至⑥繼續收縫。

⑥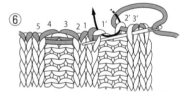
最後，穿入針目3'、1（同為下針）與針目2'、1'（同為上針）。

挑針併縫

①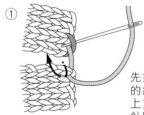
先挑縫沒有線頭的織片，再穿入上方織片的起針針目。

②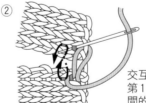
交互挑縫各段邊端第1針與第2針之間的織線後，拉緊縫線。

③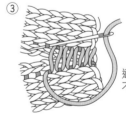
適度拉緊縫線至看不出挑縫的線。

平面針併縫

①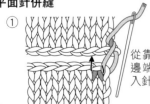
從靠近自己的織片邊端開始，由背面入針，依序挑縫。

②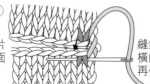
縫針依箭頭指示，橫向穿入下方針目，再依箭頭指示挑縫上方針目。

③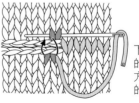
下方織片挑縫針目的八字形織線，上方織片則挑縫針目的倒八字形織線。

使用線材紹介

Avril　http://www.avril-kyoto.com/
株式會社Avril　tel.075-803-1520

線材名稱	品質	線長・重量	線材粗細	標準針號數
Wool Lilyyarn	羊毛74%　尼龍26%	33m/10g	並太	6～8號
Cross Bred	羊毛100%	25m/10g	並太	7～9號
Mohair Tam	毛海70%　羊毛10%　尼龍20%	22m/10g	極太	15號～8mm
Wool Penny	羊毛60%　蠶絲40%	40m/10g	合太	5～7號
Gaudy	羊毛100%	10m/10g	超極太	15號～8mm
Puff（黑芯）	尼龍40%　壓克力60%	65m/10g	並太	6～8號
Mohair Loop	毛海81%　羊毛9%　尼龍10%	40m/10g	並太	8～10號
Merino	羊毛100%	240m/10g	極細	2～4號（3條線）
Purelumn	羊毛100%	120m/10g	極細	3～5號（2條線）

Hamanaka　http://www.hamanaka.co.jp/
Hamanaka株式會社　tel.075-463-5151

線材名稱	品質	線長・重量	線材粗細	標準針號數
Exceed Wool L〈並太〉	羊毛100%（使用Extra Fine Merino）	40g線球・約80m	並太	6～8號
Aran Tweed	羊毛90%　羊駝毛10%	40g線球・約82m	極太	8～10號
Alpaka Mohair Fine	毛海35%　壓克力35%　羊駝毛20%　羊毛10%	25g線球・約110m	並太	5～6號
Amerry	羊毛70%（New Zealand Merino）壓克力30%	40g線球・約110m	並太	6～7號

Puppy　http://www.puppyarn.com/
株式會社Daidoh International Puppy事業部　tel.03-3257-7135

線材名稱	品質	線長・重量	線材粗細	標準針號數
Kid Mohair Fine	毛海79%（使用Supper Kid Mohair）尼龍21%	25g線球・約225m	極細	1～3號
Princess Anny	羊毛100%（防縮加工）	40g線球・約112m	合太	5～7號
Classico	羊毛100%（使用Merino Wool）	50g線球・約120m	並太	7～9號
Bottonato	羊毛100%	40g線球・約94m	並太	7～9號
British Eroika	羊毛100%（使用英國羊毛50%以上）	50g線球・約83m	極太	8～10號

●上表中記載的線材粗細僅供參考。

國家圖書館出版品預行編(CIP)目資料

單色百搭&時尚撞色 從領口到衣襬的免接縫手織
服：來自歐美.風靡日本,一體成型的不思議手織
服! / 日本VOGUE社編著；林麗秀譯. -- 初版. --
新北市：雅書堂文化, 2015.11
　面；　公分. -- (愛鉤織；45)
ISBN 978-986-302-275-6(平裝)

1.編織 2.手工藝

426.4　　　　　　　　104019994

【Knit・愛鉤織】45

單色百搭&時尚撞色 從領口到衣襬的免接縫手織服
來自歐美・風靡日本，一體成型的不思議手織服！

作　　者／日本VOGUE社編著
譯　　者／林麗秀
發 行 人／詹慶和
總 編 輯／蔡麗玲
執行編輯／蔡毓玲
特約編輯／明英
編　　輯／劉蕙寧・黃璟安・陳姿伶・白宜平・李佳穎
執行美編／韓欣恬
美術編輯／陳麗娜・周盈汝・翟秀美
內頁排版／造極
出 版 者／雅書堂文化事業有限公司
發 行 者／雅書堂文化事業有限公司
郵撥帳號／18225950
戶　　名／雅書堂文化事業有限公司
地　　址／新北市板橋區板新路206號3樓
電　　話／(02) 8952-4078
傳　　真／(02) 8952-4084
網　　址／www.elegantbooks.com.tw
電子郵件／elegantbooks@msa.hinet.net

2015年11月初版一刷　定價 350 元

TOP-DOWN NO SWEATER (NV70263)
Copyright © NIHON VOGUE-SHA 2014
All rights reserved.
Photographer : Yukari Shirai, Noriaki Moriya
Designers of the projects : Isabell Kraemer, Tomoko Nishimura, Yoshiko Hyodo,
Aya Kasama, Hikaru Sano, Yohnka, Tomoko Noguchi, KAZEKOBO,
Makiko Okamoto, Tomo Sugiyama
Original Japanese edition published in Japan by Nihon Vogue Co., Ltd.
Traditional Chinese translation rights arranged with Nihon Vogue Co., Ltd.
through Keio Cultural Enterprise Co., Ltd.
Traditional Chinese edition copyright © 2015 by Elegant Books Cultural Enterprise
Co., Ltd.

總經銷／朝日文化事業有限公司
進退貨地址／新北市中和區橋安街15巷1號7樓
電話／(02) 2249-7714　　傳真／(02) 2249-8715

作品設計

Isabelle・Kramer

西村和子　兵頭良之子　笠間 綾　佐野 光　ヨゥンカ　野口智子
風工房　岡本真希子　すぎやまとも

日文版 Staff

英文翻譯・交流・編輯協力　西村知子
攝影　白井由香里(情境)　森谷則秋(步驟)
造型　西森 萌
髮妝　AKI
模特兒　田中シェン
書籍設計　寺山文惠
製圖　谷川啓子
編輯協力　大前かおり　佐野 光　生方博子　館野加代子
責任編輯　鈴木博子

Top-Down Sweaters

Top-Down Sweaters